# 本書說明

MOS Outlook 2016 的考試介面與其他幾科不同，每一題都是獨立計分的。Outlook 只有兩個題組，一個題組是 35 題，但是兩個題組的相似題目並沒有順序性。

如果在練習題的出題上，依照原題庫的順序，將會有 70 題的題目需要練習，且在學習的順序上會跳來跳去，還會有重複出現的題目，這樣子的排序對老師在課堂上的教學比較不方便，同學們在學習時的熟悉度也會建立得比較慢。

因此本書的練習題出題方式，是把所有相同類別的功能集中在一起，讓老師在教學時可以一次完整的介紹該類別的所有功能，也能幫助同學在學習時快速的記熟相關題型。

練熟本書的 61 題題目，必能高分通過考試。

U0087051

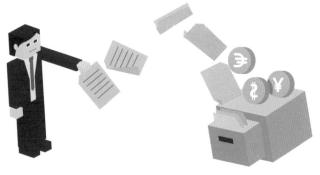

# 目錄
## Contents

**Chapter 01** 關於 **Microsoft Office Specialist** 認證

1-1 關於 Microsoft Office Specialist（MOS）認證 ······· 1-2

1-2 MOS 認證系列 ································································ 1-3

標準級認證（Core） ····················································· 1-3

專業級認證（Expert） ················································· 1-3

大師級認證（Master） ················································ 1-4

1-3 證照考試流程與成績 ·················································· 1-6

**Chapter 02** 前置作業

2-1 Outlook 基本功能 ······················································ 2-2

郵件 ················································································· 2-2

行事曆 ············································································· 2-5

連絡人 ············································································· 2-9

工作 ················································································· 2-10

記事 ················································································· 2-13

2-2 匯入 Outlook 練習檔 ················································ 2-16

**Chapter 03** **MOS Outlook 2016 認證模擬試題**

# Chapter 01 | 關於 Microsoft Office Specialist 認證

Microsoft Office 系列應用程式是全球最為普級的商務應用軟體，不論是 Word、Excel 還是 PowerPoint 都是家喻戶曉的軟體工具，也幾乎是學校、職場必備的軟體操作技能。因此，關於 Microsoft Office 的軟體能力認證也如雨後春筍地出現，受到各認證中心的重視。不過，Microsoft Office Specialist（MOS）認證才是 Microsoft 原廠唯一且向國人推薦的 Office 國際專業認證，對於展示多種工作與生活中其他活動的生產力都極具價值。取得 MOS 認證可證明有使用 Office 應用程式因應工作所需的能力，並具有重要的區隔性，證明個人對於 Microsoft Office 具有充分的專業知識及能力，讓 MOS 認證實現你 Office 的能力。

# 1-1 關於 Microsoft Office Specialist（MOS）認證

Microsoft Office Specialist 專業認證（簡稱 MOS），是 Microsoft 公司原廠唯一的 Office 應用程式專業認證，是全球認可的電腦商業應用程式技能標準。透過此認證可以證明電腦使用者的電腦專業能力，並於工作環境中受到肯定。即使是國際性的專業認證、英文證書，但是在試題上可以自由選擇語系，因此，在國內的 MOS 認證考試亦提供有正體中文化試題，只要通過 Microsoft 的認證考試，即頒發全球通用的國際性證書，取電腦專業能力的認證，以證明您個人在 Microsoft Office 應用程式領域具備充分且專業的知識知識與能力。

取得 Microsoft Office 國際性專業能力認證，除了肯定您在使用 Microsoft Office 各項應用軟體的專業能力外，亦可提昇您個人的競爭力、生產力與工作效率。在工作職場上更能獲得更多的工作機會、更好的升遷契機、更高的信任度與工作滿意度。

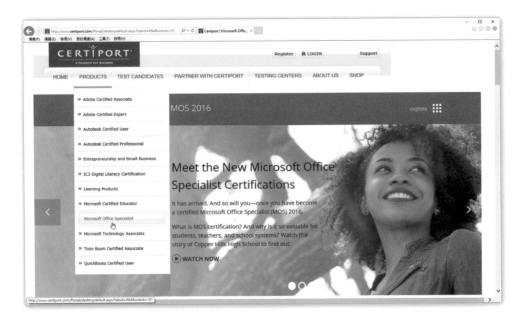

Certiport 是為全球最大考證中心，也是 Microsoft 唯一認可的國際專業認證單位，參加 MOS 的認證考試必須先到網站進行註冊。

## 1-2 MOS 認證系列

MOS 認證區分為標準級認證（**Core**）與專業級認證（**Expert**）兩大類型。

### 標準級認證（Core）

標準級認證（**Core**）是屬於基本的核心能力評量，可以測驗出對應用程式的基本實戰技能。根據不同的 **Office** 應用程式，共區分為以下幾個科目：

➤ Exam 77-725 Word 2016:
   Core Document Creation, Collaboration and Communication

➤ Exam 77-727 Excel 2016:
   Core Data Analysis, Manipulation, and Presentation

➤ Exam 77-729 PowerPoint 2016:
   Core Presentation Design and Delivery Skills

➤ Exam 77-730 Access 2016:
   Core Database Management, Manipulation, and Query Skills

➤ Exam 77-731 Outlook 2016:
   Core Communication, Collaboration and Email Skills

上述每一個考科通過後，皆可以取得該考科的 **MOS** 國際性專業認證證書。

### 專業級認證（Expert）

專業級認證（**Expert**）是屬於 Word 和 Excel 這兩項應用程式的進階的專業能力評量，可以測驗出對 Word 和 Excel 等應用程式的專業實務技能和技術性的工作能力。共區分為：

➤ Exam 77-726 Word 2016 Expert:
   Creating Documents for Effective Communication

➤ Exam 77-728 Excel 2016 Expert:
   Interpreting Data for Insights

若通過 MOS Word 2016 Expert 考試，即可取得 MOS Word 2016 Expert 專業級認證證書；若通過 MOS Excel 2016 Expert 考試，即可取得 MOS Excel 2016 Expert 專業級認證證書。

## 大師級認證（Master）

MOS 大師級認證（MOS Master）與微軟在資訊技術領域的 MCSE 或 MCSD，或現行的 MCITP 或 MCPD 是同級的認證，代表持有認證的使用者對 Microsoft Office 有更深入的了解，亦能活用 Microsoft Office 各項成員應用程式執行各種工作，在技術上可以熟練地運用有效的功能進行 Office 應用程式的整合。因此，MOS 大師級認證的門檻較高，考生必須通過多項標準級與專業級考科的考試，才能取得 MOS 大師級認證。最新版本的 MOS Microsoft Office 2016 大師級認證的取得，必須通過下列三科必選科目：

➤ MOS: Microsoft Office Word 2016 Expert（77-726）

➤ MOS: Microsoft Office Excel 2016 Expert（77-728）

➤ MOS: Microsoft Office PowerPoint 2016（77-729）

並再通過下列兩科目中的一科（任選其一）：

➤ MOS: Microsoft Office Access 2016（77-730）

➤ MOS: Microsoft Office Outlook 2016（77-731）

因此，您可以專注於所擅長、興趣、期望的技術領域與未來發展，選擇適合自己的正確途徑。

* 以上資訊公佈自 Certiport 官方網站。

### MOS 2016 各項證照

MOS Word 2016 Core 標準級證照

MOS Word 2016 Expert 專業級證照

## MOS Excel 2016 Core 標準級證照

## MOS Excel 2016 Expert 專業級證照

## MOS PowerPoint 2016 標準級證照

## MOS Outlook 2016 標準級證照

## MOS Access 2016 標準級證照

## MOS Master 2016 大師級證照

## 1-3 證照考試流程與成績

### 考試流程

1. 考前準備：參考認證檢定參考書籍，考前衝刺～

2. 註冊：首次參加考試，必須登入 Certiport 網站（http://www.certiport.com）進行註冊。註冊參加 Microsoft MOS 認證考試。（註冊前準備好英文姓名資訊，應與護照上的中英文姓名相符，若尚未擁有護照或不知英文姓名拼字，可登入外交部網站查詢）。

3. 選擇考試中心付費參加考試。

4. 即測即評，可立即知悉分數與是否通過。

### 認證考試畫面說明（以 MOS Excel 2016 Core 為例）

MOS 認證考試使用的是最新版的 CONSOLE 8 系統，考生必須先到 Ceriport 網站申請帳號，在此系統便是透過 Ceriport 帳號登入進行考試：

啟動考試系統畫面，點選〔自修練習評量〕：

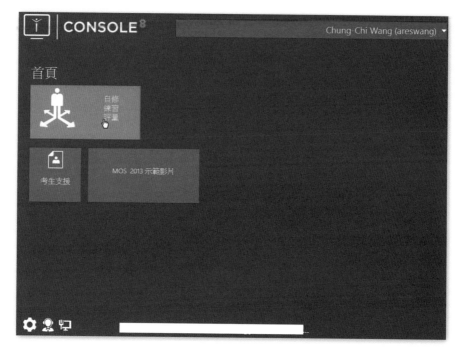

點選〔評量〕：

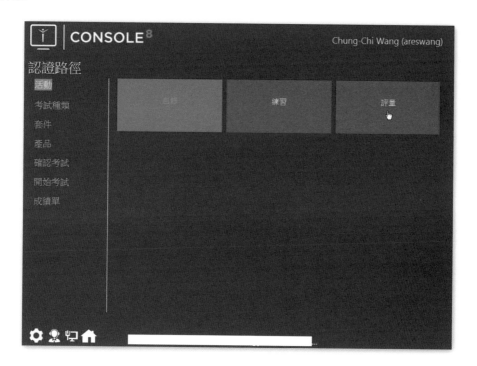

選擇要參加考試的種類為〔Microsoft Office Specialist〕：

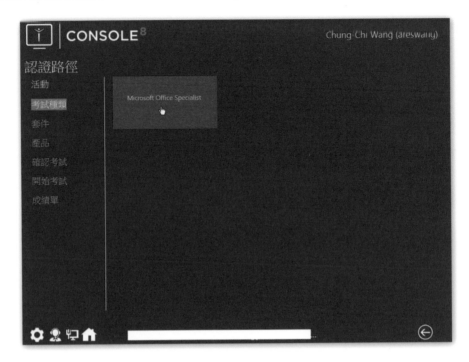

選擇要參加考試的版本為〔2016〕：

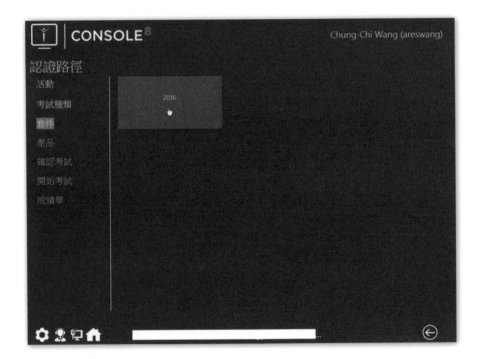

選擇要參加考試的科目，例如〔Excel〕：

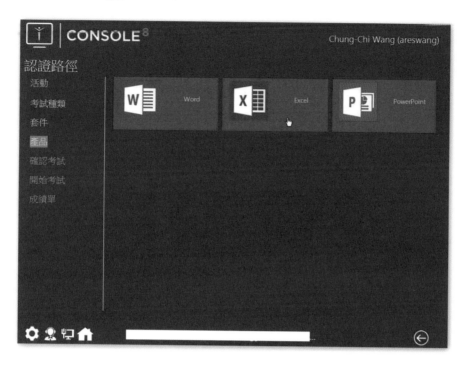

進行考試資訊的輸入，例如：郵件地址編輯（會自動套用註冊帳號裡的資訊）、考試群組、確認資訊。完成後，進行電子郵件信箱的驗證與閱讀並接受保密協議：

閱讀並接受保密協議畫面，務必點按〔是，我接受〕：

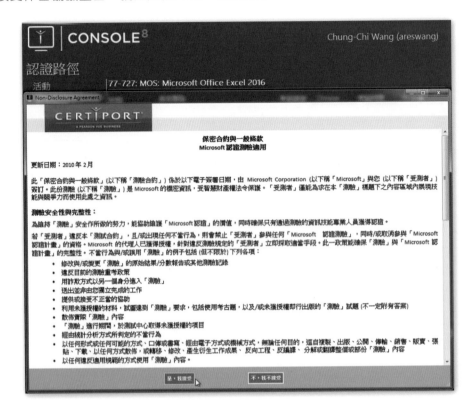

由考場人員協助，登入監考人員帳號密碼。

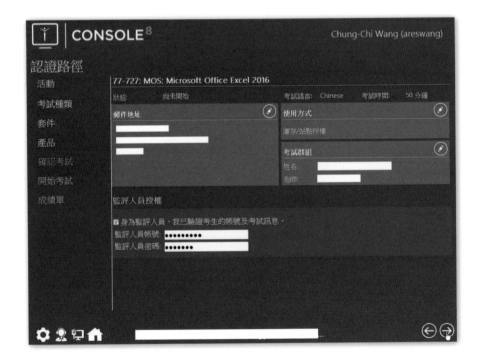

自動進行系統與硬體檢查，通過檢查即可開始考試：

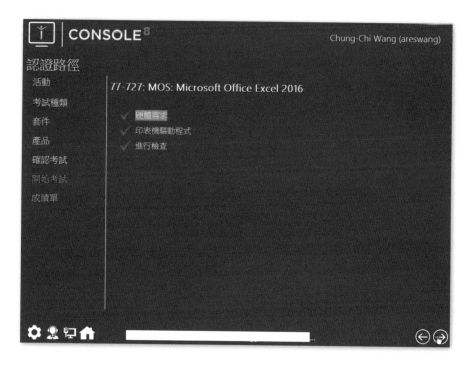

考試前會有 8 個認證測驗說明畫面：

首先，進行考試介面的講解：

考試是以專案情境的方式進行實作，在考試視窗的底部即呈現專案題目的各項要求任務（工作），以及操控按鈕：

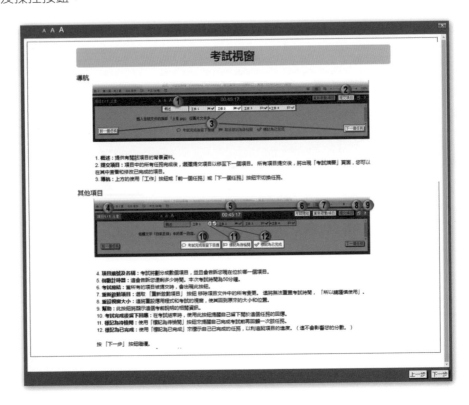

此外，也提供考試總結清單，會顯示已經完成或尚未完成（待檢閱）的任務（工作）清單：

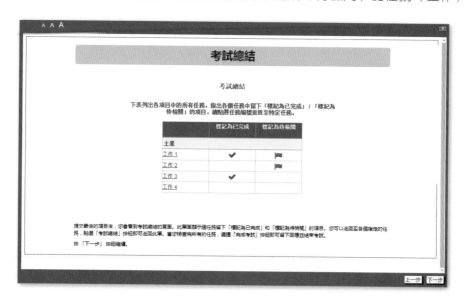

逐一看完認證測驗說明後，點按右下角的〔下一步〕按鈕，即可開始測驗，50 分鐘的考試時間在此開始計時。

現行的 MOS 2016 認證考試是以情境式專案為導向，每一個專案包含了 5 ～ 7 項不等的任務（工作），也就是情境題目，要求考生一一進行實作。每一個考科的專案數量不一，例如：Excel 2016 Core 有七個專案、Excel 2016 Expert 則有 5 個專案。畫面上方是應用程式與題目的操作畫面，下方則是題目視窗，顯示專案序號、名稱，以及專案概述，和專案裡的每一項必須完成的工作。

點按視窗下方的工作頁籤，即可看到該工作的要求內容：

完成一項工作要求的操作後，可以點按視窗下方的〔標記為已完成〕，若不確定操作是否正確或不會操作，可以點按〔標記為待檢閱〕。

整個專案的每一項工作都完成後，可以點按〔提交項目〕按鈕，若是點按〔重新啟動項目〕按鈕，則是整個專案重設，清除該專案裡的每一項結果，整個專案一切重新開始。

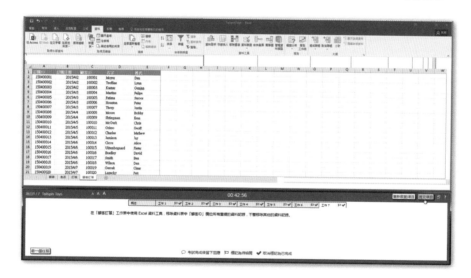

考試過程中，當所有的專案都已經提交後，畫面右下方會顯示〔考試總結〕按鈕可以顯示專案中的所有任務（工作）：

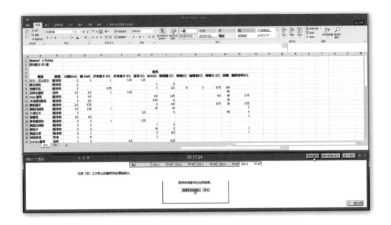

考生可以透過〔考試總結〕按鈕的點按，回顧所有已經完成或尚未完成的工作：

在〔考試總結〕清單裡可以點按任務編號的超連結，回到專案繼續進行該任務的作答與編輯：

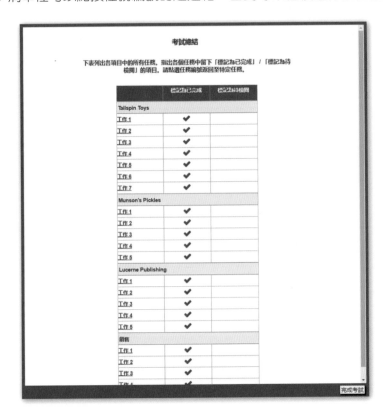

最後，可以點按〔考試完成後留下回應〕，對這次的考試進行意見的回饋，若是點按〔關閉考試〕按鈕，即結束此次的考試。

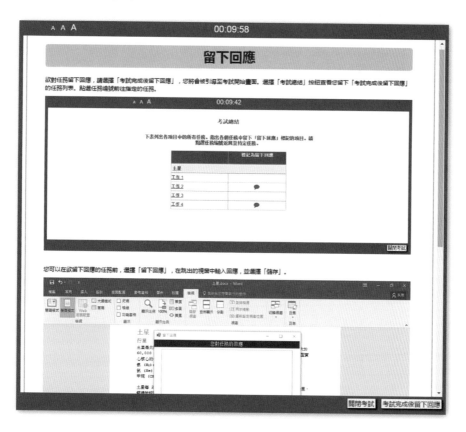

這是留下意見回饋的視窗，可以點按〔結束〕按鈕：

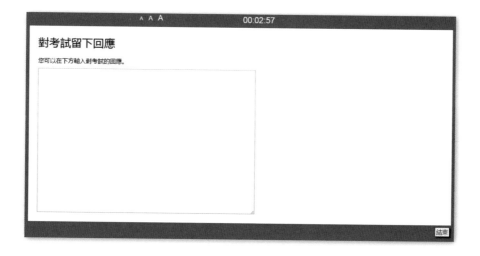

此為即測即評系統，完成考試作答後即可立即知道成績。認證考試的滿分成績是 1000 分，及格分數是 700 分以上。

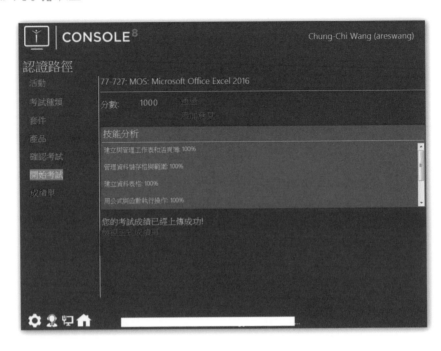

考後亦可登入 Certiport 網站，檢視、下載、列印您的成績報表或查詢與下載列印證書副本。

# Chapter 02 | 前置作業

前置學習與環境認識，包含練習檔的匯入與考題常用界面的初步認識。

## 2-1 Outlook 基本功能

### 郵件

郵件功能為 Outlook 的主要功能之一，可以透過郵件將想傳達的訊息發送到收件者的電子信箱。

**Step.1** 在左方導覽窗格最下方，點選「郵件」頁面。

**Step.2** 點選「常用」功能區，於「新增」群組按下「新增電子郵件」。

**Step.3** 在「未命名 - 郵件」視窗中，按下「收件者」。

**Step.4** 在「選取名稱：連絡人」視窗中，點選「Adam Barr」為收件者，再按下「確定」。

**Step.5** 在「未命名 - 郵件」視窗中，主旨：輸入文字「員工旅遊」，內文：輸入文字「附上圖片」，點選「插入」功能區，在「圖例」群組中按下「圖片」。

**Step.6** 在插入圖片視窗中，選取「風景」圖片，並按下「插入」。

**Step.7** 完成後按下「傳送」鍵。

## 行事曆

我們可以透過行事曆來管理、安排工作與私人行程，也能發佈會議邀請其他連絡人參與。

**Step.1** 在左方導覽窗格最下方，點選「行事曆」頁面。

**Step.2** 點選「常用」功能區，於「新增」群組按下「新增約會」。

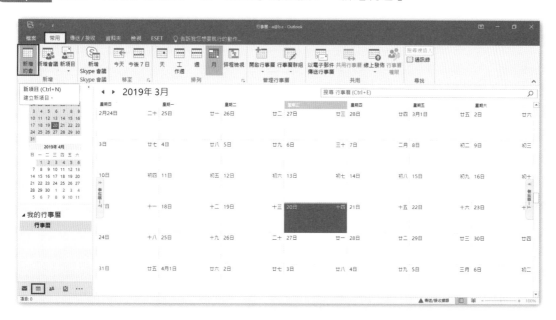

**Step.3** 在視窗中，

主旨：輸入文字「參觀工作坊」

開始時間：選擇明天（練習或考試的明天）上午 8:00

結束時間：選擇明天（練習或考試的明天）上午 9:00

顯示為：選擇「暫訂」

完成後，點選「儲存並關閉」。

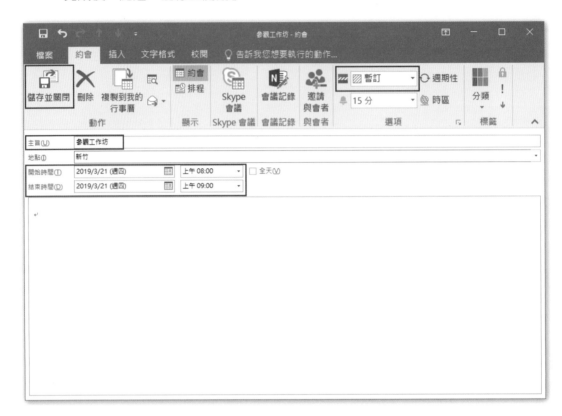

**Step.4** 點選「常用」功能區，於「新增」群組按下「新增會議」。

**Step.5** 在「未命名 - 會議」視窗中，按下「收件者」。

**Step.6** 在「選擇與會者及資源：連絡人」視窗中，點選「Adam Barr」為出席者，再按下「確定」。

**Step.7** 在視窗中，

主旨：輸入文字「會議通知」

地點：輸入文字「第一會議室」

開始時間：選擇下週三 ( 練習或考試的下週三 ) 上午 8:00

結束時間：選擇下週三 ( 練習或考試的下週三 ) 上午 10:00

完成後，點選「傳送」。

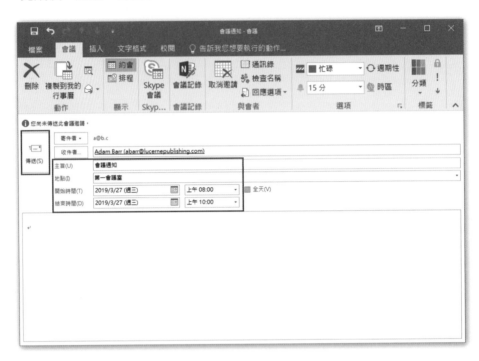

## 連絡人

在 Outlook 建立連絡人，能方便我們在寄送郵件或建立會議時，迅速且正確的將資訊傳達給收件者。

**Step.1** 在左方導覽窗格最下方，點選「連絡人」頁面。

**Step.2** 點選「常用」功能區，於「新增」群組按下「新增連絡人」。

**Step.3** 在連絡人視窗中，輸入以下設定：

姓氏：輸入文字「Dabby」

公司：輸入文字「Contoso」

部門：輸入文字「會計室」、職稱：輸入文字「審計員」

電子郵件：輸入文字「dabby@contoso.com」，完成後按下「儲存並關閉」。

## 工作

我們可以將目前的待處理事務，透過建立工作的方式，描述該工作的名稱及內容，方便我們隨時記錄工作的狀態，也能將工作指派給其他人員。

**Step.1** 在左方導覽窗格最下方，點選「工作」頁面。

**Step.2** 點選「常用」功能區，於「新增」群組按下「新增工作」。

**Step.3** 在視窗中，

主旨：輸入文字「下個月採購」

開始時間：選擇下個月 15 號 ( 練習或考試的下個月 )

結束時間：選擇下個月 15 號 ( 練習或考試的下個月 )

狀態：選擇「等待某人」

完成率：輸入「5%」

完成後，點選「儲存並關閉」。

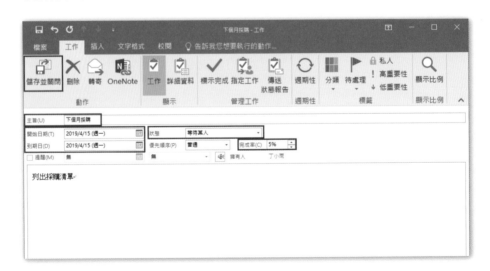

**Step.4** 雙擊滑鼠左鍵兩下以開啟「下個月採購」工作，在下個月採購 - 工作視窗中，使用「工作」功能區的「管理工作」群組，按下「指定工作」。

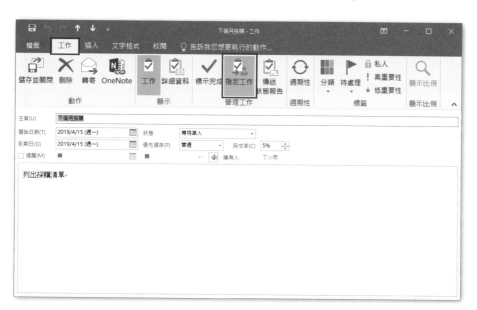

**Step.5** 在「下個月採購 - 工作」視窗中，按下「收件者」。

**Step.6** 在選取工作指派收件者：連絡人視窗中，選擇「Thomas Axen」為收件者，並按下「確定」。

**Step.7** 在「下個月採購 - 工作」視窗中，按下「傳送」。

**Step.8** 完成後可以看見，「下個月採購」工作的圖示變更。

# 記事

記事是 Outlook 的便條紙，方便我們隨時記錄想隨手寫下的項目，除了記錄之外，也可以透過郵件功能寄給其他收件者。

**Step.1** 在左方導覽窗格最下方，點選圖示「…」，並選擇「記事」。

**Step.2** 點選「常用」功能區，於「新增」群組按下「新記事」。

**Step.3** 在記事窗格中，輸入文字「回電張小姐」，並按下關閉。

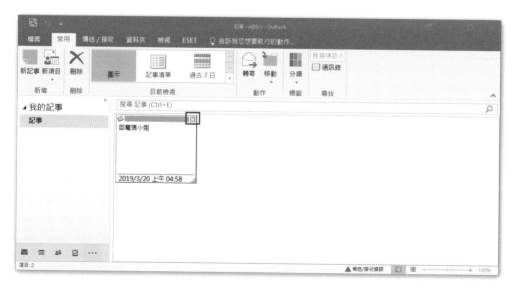

點選「常用」功能區,於「動作」群組按下「轉寄」。

在視窗中,按下「收件者」。

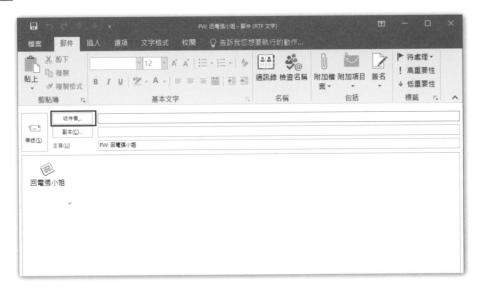

**Step.6** 在選取名稱：連絡人視窗中，點選「Thomas Axen」為收件者，再按下「確定」。

**Step.7** 完成後，按下「傳送」。

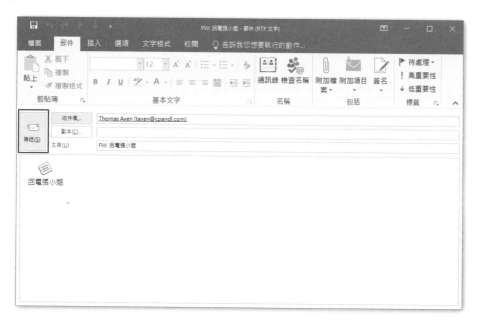

## 2-2 匯入 Outlook 練習檔

在開始練習前,我們需要把 Outlook 的練習檔匯入 Outlook 軟體中。

**Step.1** 點選「控制台 / 使用者帳戶和家庭安全 / 郵件」。

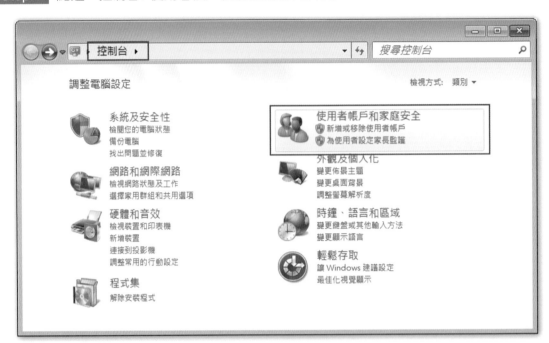

**Step.2** 第一次使用時，會進入以下畫面，請按下「新增」。

**Step.3** 在「新增設定檔」的視窗中，輸入設定檔名稱「0303」，設定檔名稱同學可以隨意輸入，建議使用日期來輸入。

**Step.4** 在「新增帳戶」的視窗中，按下「下一步」。

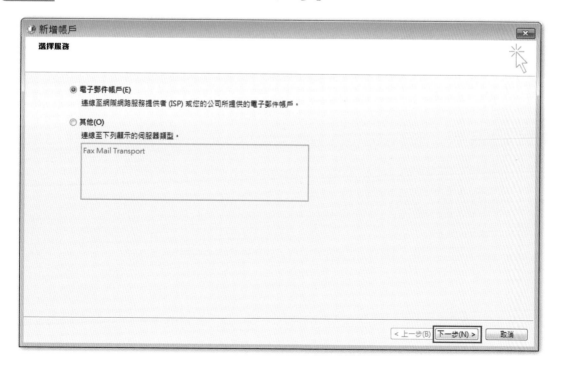

Step.5 在「新增帳戶」的視窗中，選擇「手動設定或其他伺服器類型」，並按下「下一步」。

Step.6 在「新增帳戶」的視窗中，選擇「POP 或 IMAP」，並按下「下一步」。

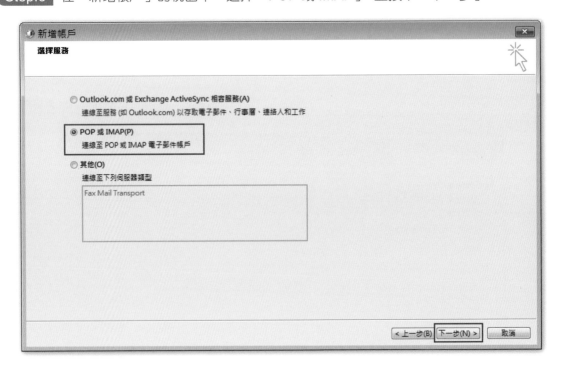

**Step.7** 在「新增帳戶」的視窗中，同學可自行輸入名稱，以下為建議設定：

您的名稱輸入「丁小雨」，電子郵件地址輸入「a@b.c」，內送郵件伺服器輸入「a」，外寄郵件伺服器輸入「a」，使用者名稱輸入「a@b.c」，密碼輸入「a」，取消勾選「按下一步時自動測試帳戶設定」，接著按下「下一步」。

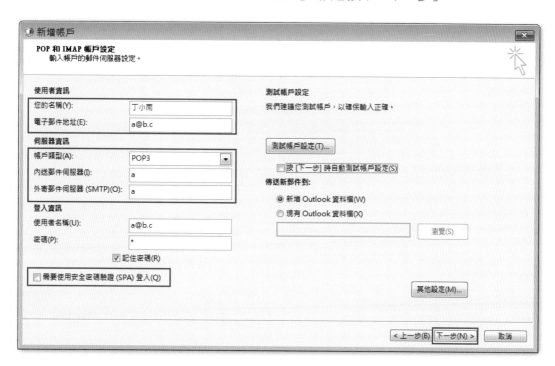

**Step.8** 在「新增帳戶」的視窗中，按下「完成」，在「郵件」視窗中按下「確定」。

Step.9 接著執行開啟 Outlook 軟體,點選「檔案」/「開啟和匯出」/「匯入 / 匯出」。

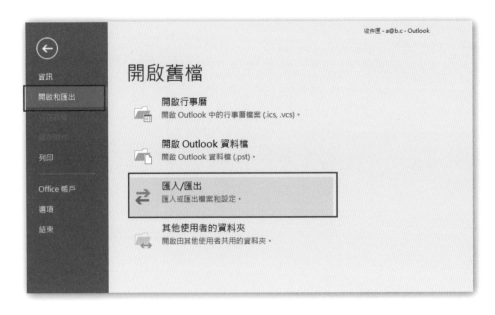

**Step.10** 在「匯入及匯出精靈」視窗中，選擇預設值「從其他程式或檔案匯入」，並按下「下一步」。

**Step.11** 在「匯入檔案」視窗中，選擇預設值「Outlook 資料檔」，並按下「下一步」。

**Step.12** 在「匯入 Outlook 資料檔」視窗中，按下「瀏覽」。

**Step.13** 在「開啟 Outlook 資料檔」視窗中，選擇「文件資料夾 / Outlook 練習檔」資料夾 / 「backup.pst」，並按下「開啟」。

**Step.14** 在「匯入 Outlook 資料檔」視窗中，按下「下一步」。

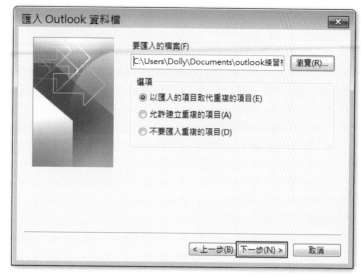

**Step.15** 在「匯入 Outlook 資料檔」視窗中，按下「完成」。

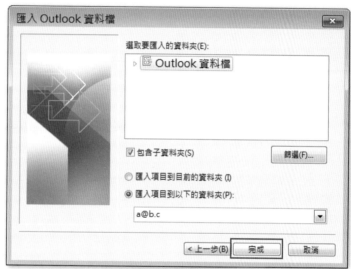

**Step.16** 即完成練習檔的匯入設定。

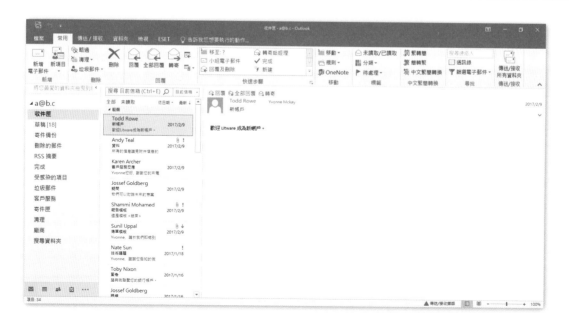

**Step.17** 若想重複練習，再次來到「控制台／使用者帳戶和家庭安全／郵件」時，會出現不一樣的畫面，此時只要按下「顯示設定檔」。

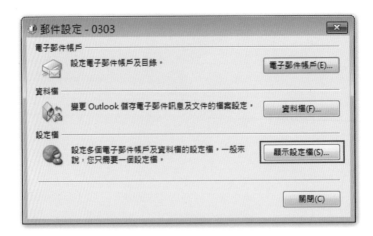

**Step.18** 在郵件視窗中，先「移除」舊有的資料檔，再次「新增」，並重複 Step 3.~Step 16. 即可。

# Chapter 03 | MOS Outlook 2016 認證模擬試題

考試前的練習題組，包含 61 題實作題，充份練習必定能高分通過考試。

## 第 1 題

**題目說明**

設定 Outlook 將最明顯的垃圾郵件移至 [ 垃圾郵件 ] 資料夾，並保持預設的建議設定。

**Step.1** 點選「常用」功能區，在「刪除」群組中按下「垃圾郵件」的下拉選單，選擇「垃圾郵件選項」。

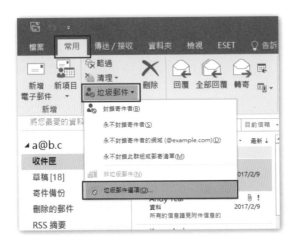

**Step.2** 在「垃圾郵件選項」視窗中，選擇「選項」標籤頁，再選擇「低：將最明顯的垃圾郵件移至 [ 垃圾郵件 ] 資料夾」，並按下「確定」。

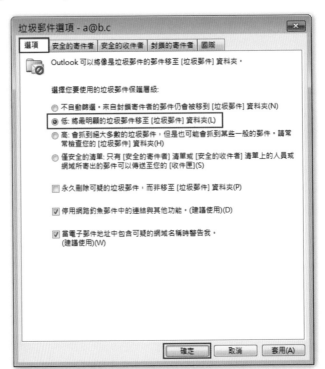

題目
說明

設定 Outlook 只要是來自連絡人的信件，都不會被視為是垃圾郵件。

**Step.1** 點選「常用」功能區，在「刪除」群組中按下「垃圾郵件」的下拉選單，選擇「垃圾郵件選項」。

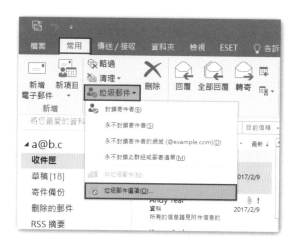

**Step.2** 在「垃圾郵件選項」視窗中，選擇「安全的寄件者」標籤頁，再勾選「☑ 也信任從我的 [ 連絡人 ] 寄來的電子郵件」，並按下「確定」。

第 3 題

題目
說明
　將 bryan@contoso.com 列為安全的寄件者。

Step.1　點選「常用」功能區，在「刪除」群組中按下「垃圾郵件」的下拉選單，選擇「垃圾郵件選項」。

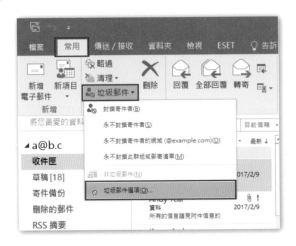

Step.2　在「垃圾郵件選項」視窗中，選擇「安全的寄件者」標籤頁，按下「新增」。

**Step.3** 在新增位址或網域視窗中，輸入「bryan@contoso.com」，並按下「確定」。

**Step.4** 在「垃圾郵件選項」視窗中，按下「確定」。

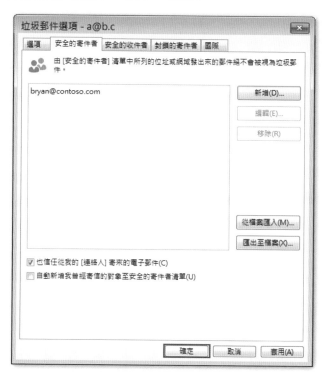

## 第 4 題

**題目說明**

設定 Outlook 新郵件的預設字型色彩為 [ 藍色 ]、字型大小為 16 點、字型為 [Arial]、[ 粗體 ]。

**Step.1** 點選「檔案」/「選項」。

**Step.2** 在「Outlook 選項」視窗中，於左方選單點選「郵件」，並點選「信箋和字型」。

**Step.3** 在「簽名及信箋」視窗中，選擇「個人信箋」標籤頁，並於新郵件訊息類別按下「字型」按鈕。

**Step.4** 在字型視窗中，選擇字型「Arial」、字型樣式「粗體」、大小「16」、字型色彩「藍色」，接著按下「確定」。

**TIPS**

題目中要求設定字型時，若字型名稱為中文，僅需設定中文字型，若字型名稱為英文，則僅需設定英文字型，故此題僅需設定英文字型。

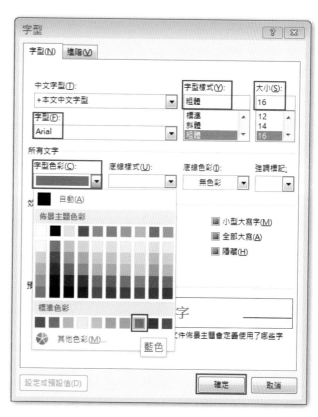

**Step.5** 在「簽名及信箋」視窗中，按下「確定」。在「Outlook 選項」視窗中，再次按下「確定」。

**題目說明**

設定 Outlook 撰寫所有外寄郵件時採用 [ 純文字 ] 郵件格式。

**Step.1** 點選「檔案」/「選項」。

**Step.2** 在「Outlook 選項」視窗中,於左方選單點選「郵件」,在「撰寫信件」類別中,使用此格式撰寫郵件:選擇「純文字」,完成後按下「確定」。

### 第 6 題

題目說明

設定 Outlook 撰寫所有外寄郵件時採用 [RTF 文字] 郵件格式。

Step.1　點選「檔案」/「選項」。

Step.2　在「Outlook 選項」視窗中，於左方選單點選「郵件」，在「撰寫信件」類別中，使用此格式撰寫郵件：選擇「RTF 文字」，完成後按下「確定」。

## 第 7 題

題目
說明

設定 Outlook 在回覆郵件時，可以加入原始郵件並進行縮排。

**Step.1** 點選「檔案」/「選項」。

**Step.2** 在「Outlook 選項」視窗中，於左方選單點選「郵件」，在「回覆及轉寄」類別中，
回覆郵件時：選擇「加入原始郵件內容並縮排」，完成後按下「確定」。

## 第 8 題

題目
說明

設定 Outlook 在轉寄郵件時，可以附加原始郵件。

Step.1 　點選「檔案」/「選項」。

Step.2 　在「Outlook 選項」視窗中，於左方選單點選「郵件」，在「回覆及轉寄」類別中，
轉寄郵件時：選擇「附加原始郵件」，完成後按下「確定」。

**題目說明**

將 [ 收件匣 ] 裡主旨為「客戶服務反應」郵件，以預設的檔案名稱，儲存為 [HTML] 格式的檔案，存放在 [ 文件 ] 資料夾內。

**Step.1** 在左方導覽窗格點選「收件匣」，在所有郵件中找到主旨為「客戶服務反應」的郵件，雙擊滑鼠左鍵兩下以開啟郵件。

**Step.2** 在「客戶服務反應 - 郵件」視窗中，點選「檔案」。

**TIPS**

在考試時，題目會將「郵件」翻譯為「訊息」，因此同學看見訊息兩個字時，直接視為郵件即可。

**Step.3** 選擇「另存新檔」。

**Step.4** 在「另存新檔」視窗中,將存檔類型選擇為「HTML」,並按下「儲存」。

**Step.5** 返回「客戶服務反應 - 郵件」視窗,按下右上方的「關閉」。

## 第 10 題

將 [ 收件匣 ] 裡主旨為「客戶服務反應」郵件，以預設的檔案名稱，儲存為
[HTML] 格式的檔案，存放在 [ 文件 ] 資料夾內。

**Step.1** 在左方導覽窗格點選「收件匣」，在所有郵件中找到主旨為「客戶服務反應」的郵件，雙擊滑鼠左鍵兩下以開啟郵件。

**Step.2** 在客戶服務反應 - 郵件視窗中，點選「檔案」。

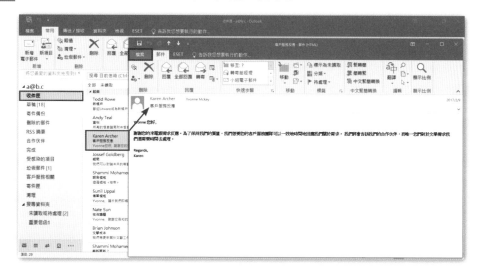

**Step.3** 選擇「另存新檔」。

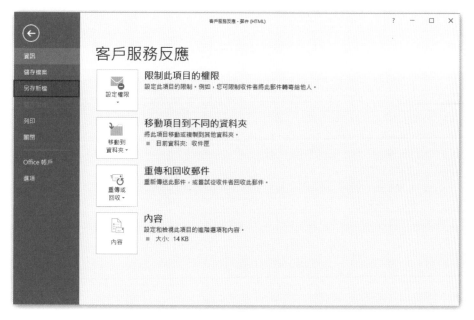

**Step.4** 在「另存新檔」視窗中,將存檔類型選擇為「純文字」,並按下「儲存」。

**Step.5** 返回「客戶服務反應 - 郵件」視窗,按下右上方的「關閉」。

題目
說明

在 [ 草稿 ] 資料夾，開啟「新的網站」郵件，設定信件選項，預設回覆郵件
收件者僅為「Brian Johnson」，然後傳送郵件。

Step.1 在左方導覽窗格點選「草稿」資料夾，在所有郵件中找到主旨為「新的網站」的郵件，雙擊滑鼠左鍵兩下以開啟郵件。

Step.2 在「新的網站 - 郵件」視窗中，點選「選項」功能區，於「其他選項」群組按下「郵件選項」的對話方塊。

Step.3 在「內容」視窗中，將原有的「預設郵件回覆收件者」選取後刪除，並按下「選擇名稱」按鈕。

**Step.4** 在「預設郵件回覆收件者：連絡人」視窗中，選擇「Brian Johnson」，並按下「確定」。

TIPS

題目中所有的連絡人名稱，皆以「顯示名稱」欄位為主來做選擇。

**Step.5** 在「內容」視窗中，按下「關閉」。

**Step.6** 在「新的網站 - 郵件」視窗中，選擇「傳送」。

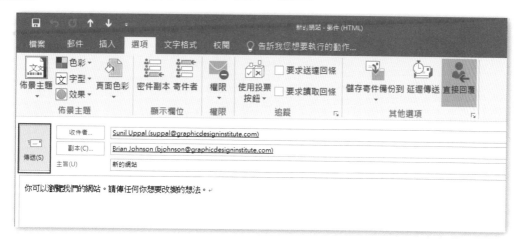

## 第 12 題

題目
說明

在 [ 草稿 ] 資料夾，開啟 [ 定位 ] 郵件，設定信件選項、預設回覆郵件收件者為「Baris Cencini」。然後，傳送郵件。

Step.1　在左方導覽窗格點選「草稿」資料夾，在所有郵件中找到主旨為「定位」的郵件，雙擊滑鼠左鍵兩下以開啟郵件。

Step.2　在「定位 - 郵件」視窗中，點選「選項」功能區，於「其他選項」群組按下「郵件選項」的對話方塊。

Step.3　在「內容」視窗中，於「預設郵件回覆收件者」後方按下「選擇名稱」按鈕。

**Step.4** 在「預設郵件回覆收件者：連絡人」視窗中，選擇「Baris Cencini」，並按下「確定」。

TIPS

題目中所有的連絡人名稱，皆以「顯示名稱」欄位為主來做選擇。

**Step.5** 在「內容」視窗中，按下「關閉」。

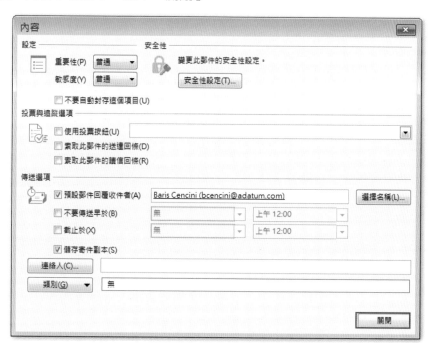

**Step.6** 在「定位 - 郵件」視窗中,選擇「傳送」。

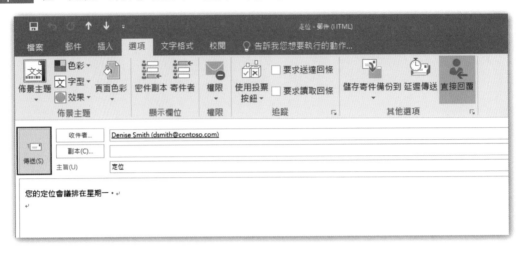

## 第 13 題

### 題目說明

開啟 [ 草稿 ] 資料夾裡主旨為「採買」的郵件，新增附加項目，選擇主旨為「採購清單」的 Outlook 記事。寄出郵件。

**Step.1** 在左方導覽窗格點選「草稿」資料夾，在所有郵件中找到主旨為「採買」的郵件，雙擊滑鼠左鍵兩下以開啟郵件。

**Step.2** 在「採買 - 郵件」視窗中，點選「郵件」功能區，於「包括」群組按下「附加項目」的下拉式選單，選擇「Outlook 項目」。

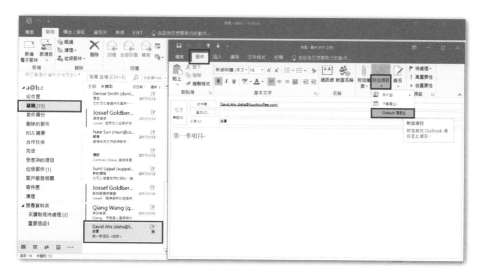

**Step.3** 在「插入項目」視窗中，查詢：選擇「記事」、項目：選擇「採購清單」，並按下「確定」。

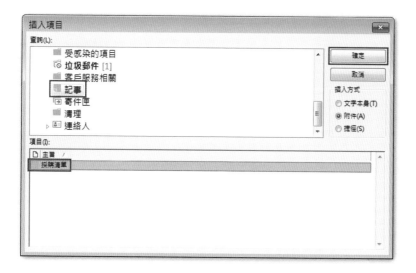

**Step.4** 返回「採買 - 郵件」視窗，按下「傳送」。

**題目說明**

在 [ 草稿 ] 資料夾，開啟「說明圖」郵件，變更敏感度為機密，最後，寄出郵件。

**Step.1** 在左方導覽窗格點選「草稿」資料夾，在所有郵件中找到主旨為「說明圖」的郵件，雙擊滑鼠左鍵兩下以開啟郵件。

**Step.2** 在「說明圖 - 郵件」視窗中，點選「郵件」功能區，於「標籤」群組按下「郵件選項」的對話方塊。

**Step.3** 在「內容」視窗中，將敏感度選擇為「機密」，並按下「關閉」。

**Step.4** 返回「說明圖 - 郵件」視窗，按下「傳送」。

# 第 15 題

在 [ 草稿 ] 資料夾，開啟主旨為「企劃案」的郵件，新增「準時」與「暫緩」投票按鈕選項。然後寄出郵件。

**Step.1** 在左方導覽窗格點選「草稿」資料夾，在所有郵件中找到主旨為「企劃案」的郵件，雙擊滑鼠左鍵兩下以開啟郵件。

**Step.2** 在「企劃案 - 郵件」視窗中，點選「選項」功能區，於「追蹤」群組按下「使用投票按鈕」的下拉式選單，選擇「自訂」。

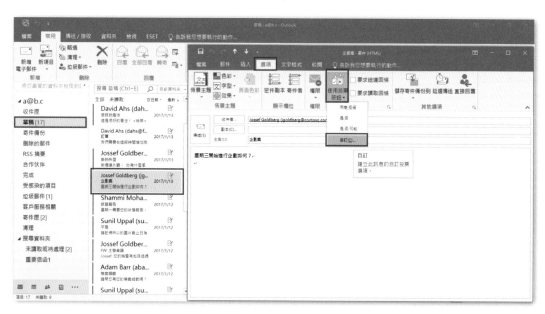

**Step.3** 在「內容」視窗中,將原有的「☑ 使用投票按鈕」後方文字選取後刪除,改為輸入文字「準時;暫緩」,並按下「關閉」。

TIPS

準時;暫緩 的分號為半形符號。

**Step.4** 返回「企劃案 - 郵件」視窗,按下「傳送」。

**題目 說明**

寄一封信件給「Contoso 人力資源」連絡人群組，信件主旨為「公司制服」，並新增「小」、「中」及「大」等投票按鈕選項。

**Step.1** 點選「常用」功能區，於「新增」群組按下「新增電子郵件」。

**Step.2** 在「未命名 - 郵件」視窗中，按下「收件者」。

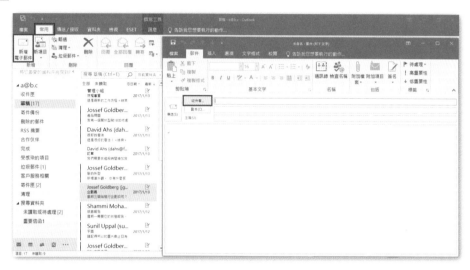

**Step.3** 在「選取名稱：連絡人」視窗中，點選「Contoso 人力資源」為收件者，再按下「確定」。

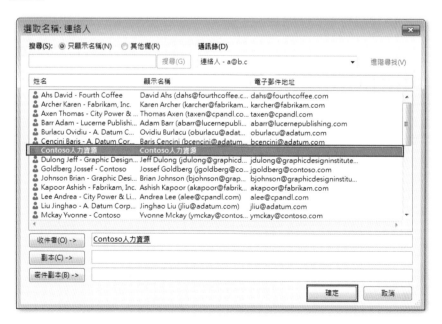

**Step.4** 在「未命名 - 郵件」視窗中輸入主旨「公司制服」，點選「選項」功能區，於「追蹤」群組按下「使用投票按鈕」的下拉式選單，選擇「自訂」。

**Step.5** 在內容視窗中，將原有的「☑ 使用投票按鈕」後方文字選取後刪除，改為輸入文字「小;中;大」，並按下「關閉」。

TIPS

小;中;大 的分號為半形符號。

**Step.6** 返回「公司制服 - 郵件」視窗，按下「傳送」。

## 第 17 題

**題目說明**

開啟 [ 草稿 ] 資料夾裡主旨為「新的包裝」的郵件。套用 [ 基本 ( 時尚 )] 樣式。然後寄出郵件。

**Step.1** 在左方導覽窗格點選「草稿」資料夾，在所有郵件中找到主旨為「新的包裝」的郵件，雙擊滑鼠左鍵兩下以開啟郵件。

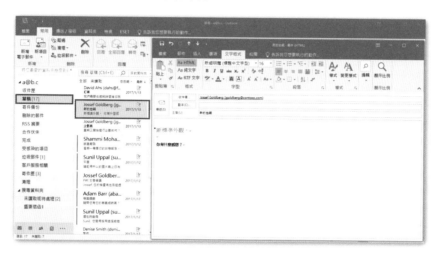

**Step.2** 在「新的包裝 - 郵件」視窗中，點選「文字格式」功能區，於「樣式」群組按下「變更樣式」的下拉選單，選擇「樣式集」中的「基本 ( 時尚 )」樣式。

**Step.3** 完成後按下「傳送」鍵。

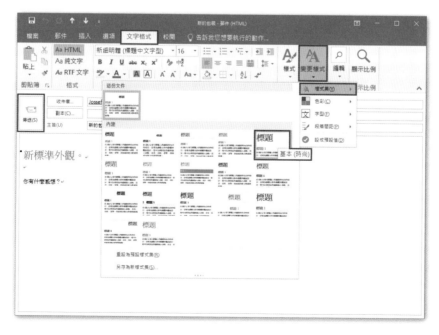

# 第 18 題

**題目說明**

開啟 [ 草稿 ] 資料夾裡主旨為「工程進度」的郵件。套用 [ 基本 ( 高雅 )] 樣式。然後寄出郵件。

**Step.1** 在左方導覽窗格點選「草稿」資料夾，在所有郵件中找到主旨為「工程進度」的郵件，雙擊滑鼠左鍵兩下以開啟郵件。

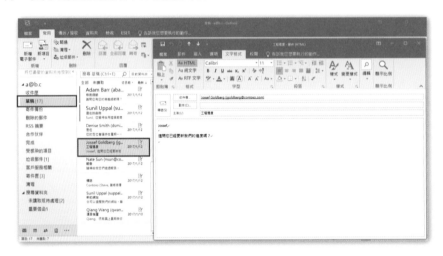

**Step.2** 在「工程進度 - 郵件」視窗中，點選「文字格式」功能區，於「樣式」群組按下「變更樣式」的下拉選單，選擇「樣式集」中的「基本 ( 高雅 )」樣式。

**Step.3** 完成後按下「傳送」鍵。

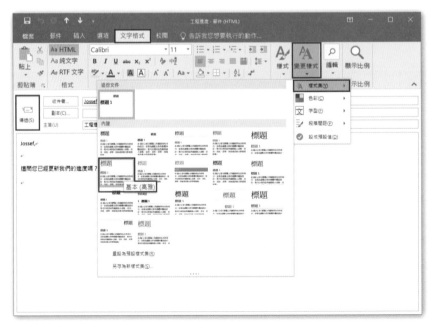

**題目說明**

開啟 [ 草稿 ] 資料夾裡主旨為「第 4 季訂單」的郵件。將郵件裡的文字「增」以及「15%」格式化為 [ 粗體 ] 字型樣式。然後寄出郵件。

**Step.1** 在左方導覽窗格點選「草稿」資料夾，在所有郵件中找到主旨為「第 4 季訂單」的郵件，雙擊滑鼠左鍵兩下以開啟郵件。

**Step.2** 在「第 4 季訂單 - 郵件」視窗中，使用鍵盤的 Ctrl 鍵，同時選取文字「增」和「15%」。

**Step.3** 點選「郵件」功能區，於「基本文字」群組按下「粗體」。

**Step.4** 完成後按下「傳送」鍵。

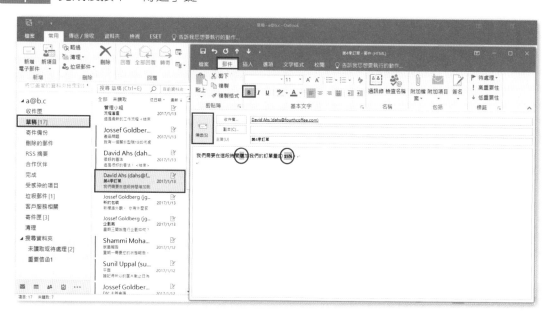

## 第 20 題

在 [ 草稿 ] 資料夾，開啟「客戶需求」郵件，對郵件裡的文字「網站」新增
超連結「http://www.test.com」。然後寄出郵件。

**Step.1** 在左方導覽窗格點選「草稿」資料夾，在所有郵件中找到主旨為「客戶需求」的郵件，雙擊滑鼠左鍵兩下以開啟郵件。

**Step.2** 選取文字「網站」後，點選「插入」功能區，於「連結」群組按「超連結」按鈕。

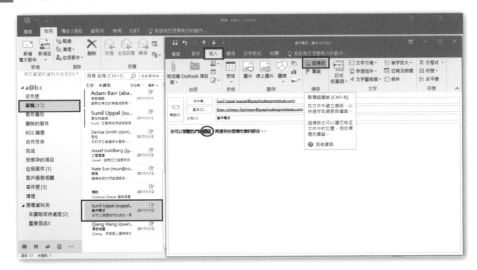

**Step.3** 在「插入超連結」視窗中，於網址處輸入「http://www.test.com」，並按下「確定」。

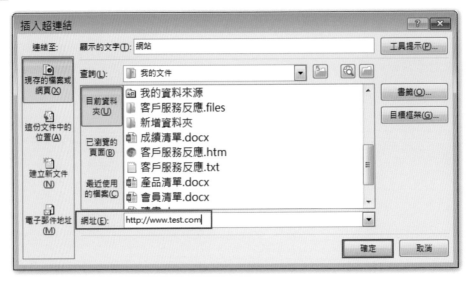

**Step.4** 完成後按下「傳送」鍵。

## 第 21 題

**題目說明**

在 [ 草稿 ] 資料夾，開啟主旨為「產品流程」的郵件，在郵件內文的底部插入位於 [ 文件 ] 資料夾內的「產品藍圖時間表」圖片。然後寄出郵件。

**Step.1** 在左方導覽窗格點選「草稿」資料夾，在所有郵件中找到主旨為「產品流程」的郵件，雙擊滑鼠左鍵兩下以開啟郵件。

**Step.2** 將滑鼠游標置於內文的第二個空白段落上。

**Step.3** 點選「插入」功能區，於「圖例」群組按下「圖片」按鈕。

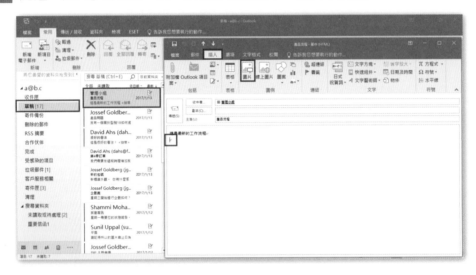

**Step.4** 在「插入圖片」視窗中，選取「產品藍圖時間表」圖片，並按下「插入」。

**Step.5** 完成後按下「傳送」鍵。

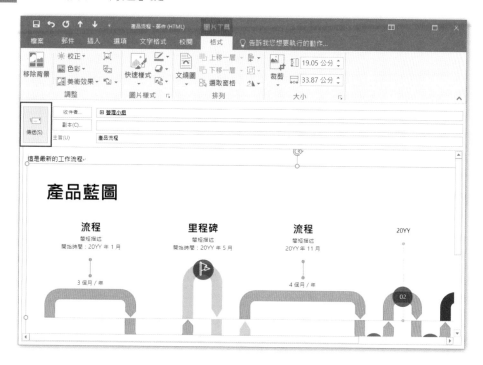

**題目 說明**

透過 [ 收件匣 ] 裡主旨為「客訴更新？」的郵件、建立自動包含郵件內容並邀請所有收件者為出席者的會議邀請。排定會議時間為明天上午 10:00 到 10:30，地點為「中庭」。寄出會議邀請。

**Step.1** 在左方導覽窗格點選「收件匣」，在所有郵件中找到主旨為「客訴更新？」的郵件，雙擊滑鼠左鍵兩下以開啟郵件。

**Step.2** 在「客訴更新？ - 郵件」視窗中，點選「回覆會議」。

**Step.3** 在「客訴更新？ - 會議」視窗中，按下「收件者」。

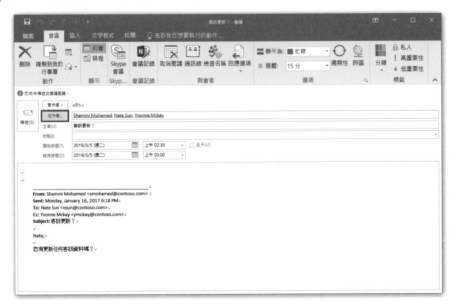

**Step.4** 在「選擇與會者及資源：連絡人」視窗中，將原有的列席者刪除，並將「Yvonne Mckay」新增為出席者，完成後按下「確定」。

**Step.5** 在「客訴更新？ - 會議」視窗中，

將開始時間：明天 ( 練習或考試的隔天日期 ) 上午 10:00，

結束時間：明天 ( 練習或考試的隔天日期 ) 上午 10:30，

地點：輸入文字「中庭」，完成後按下「傳送」。

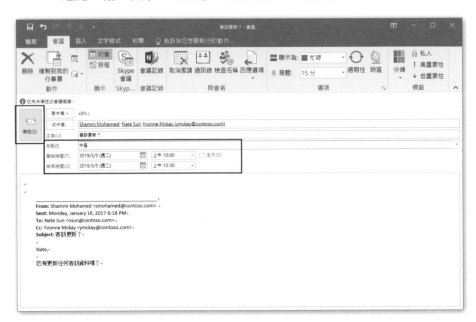

**Step.6** 將目前仍開啟的「客訴更新？ - 郵件」視窗，點選視窗右上方的「關閉」。

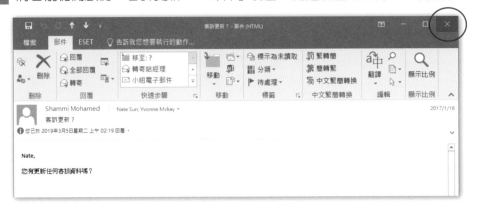

題目
說明

將 [ 收件匣 ] 裡主旨為 [ 問題 ] 的訊息，設定其標幟為 [ 參考資訊 ]，並設定
開始日期為今天、到期日為明天，提醒時間為明天上午 9:30。

**Step.1** 在左方導覽窗格點選「收件匣」，在所有郵件中找到主旨為「問題」的郵件，點選
該郵件。

**Step.2** 點選「常用」功能區，於「標籤」群組中按下「待處理」的下拉選單，選擇「自
訂」。

**Step.3** 在「自訂」視窗中，設定以下內容：

標幟為：參考資訊

開始日期：今天 ( 練習或考試的當天日期 )

到期日：明天 ( 練習或考試的隔天日期 )

勾選「提醒」，時間設定為明天上午 9:30，完成後按下「確定」。

## 第 24 題

**題目說明**

將 [ 傳單模板 ] 訊息的標幟設定為 [ 請閱讀 ]，並設定開始日期為今天，到期日為明天。不要設定提醒。

**Step.1** 在左方導覽窗格點選「收件匣」，在所有郵件中找到主旨為「傳單模板」的郵件，點選該郵件。

**Step.2** 點選「常用」功能區，於「標籤」群組中按下「待處理」的下拉選單，選擇「自訂」。

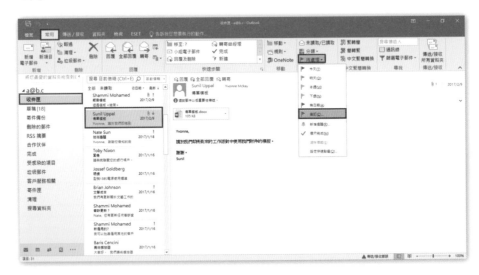

**Step.3** 在「自訂」視窗中，設定以下內容：

標幟為：請閱讀

開始日期：今天 ( 練習或考試的當天日期 )

到期日：明天 ( 練習或考試的隔天日期 )，不勾選提醒，完成後按下「確定」。

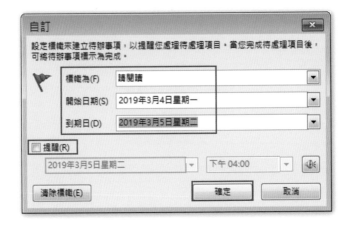

**題目說明**

建立一個 [ 搜尋資料夾 ] 可以顯示目前收件匣裡所有尚未讀取或已經標幟為待處理的信件。

**Step.1** 在左方導覽窗格,對搜尋資料夾按右鍵,於快速選單中選擇「新增搜尋資料夾」。

**Step.2** 在「新增搜尋資料夾」視窗中,選擇「讀取郵件」類別下的「未讀取或標幟為待處理的郵件」,之後按下「確定」。

**Step.3** 完成結果如下。

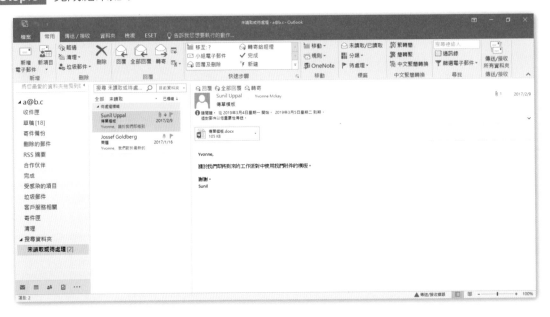

題目
說明

建立名為 [ 重要信函 1] 的 [ 搜尋資料夾 ]，可顯示標示為高重要性且至少包含一個附件的郵件。

**Step.1** 在左方導覽窗格，對搜尋資料夾按右鍵，於快速選單中選擇「新增搜尋資料夾」。

**Step.2** 在「新增搜尋資料夾」視窗中，選擇「自訂」類別下的「建立自訂 [ 搜尋資料夾 ]」，之後按下「選擇」。

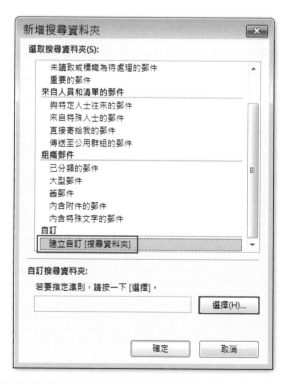

**Step.3** 在「自訂搜尋資料夾」視窗中，輸入名稱「重要信函1」文字，並按下「準則」。

**Step.4** 在「搜尋資料夾準則」視窗中，按下「更多選擇」標籤頁，
勾選「 這些項目具有」並選擇「一或多個附件」，
勾選「 優先順序/重要性」並選擇「高」，接著按下「確定」。

**Step.5** 返回「自訂搜尋資料夾」視窗，按下「確定」。

**Step.6** 返回「新增搜尋資料夾」視窗，按下「確定」。

**Step.7** 完成結果如下。

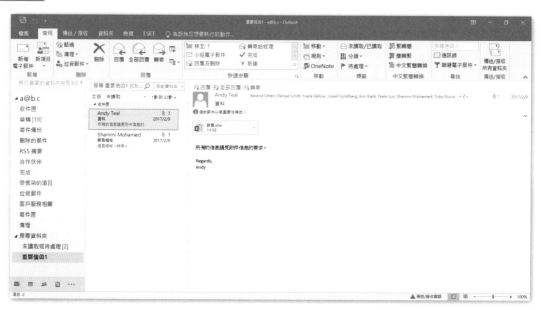

第 27 題

**題目說明**

以郵件的 [ 重要性 ] 為依據,從高重要性到低重要性,重新排序 [ 收件匣 ] 裡的郵件。並且,在同一重要性層級中,必須再根據郵件的收到日期排序,將最近收到的郵件放在前面。

**Step.1** 在左方導覽窗格點選「收件匣」,在信件的上方點選「依日期▼」的下拉選單,選擇「檢視設定」。

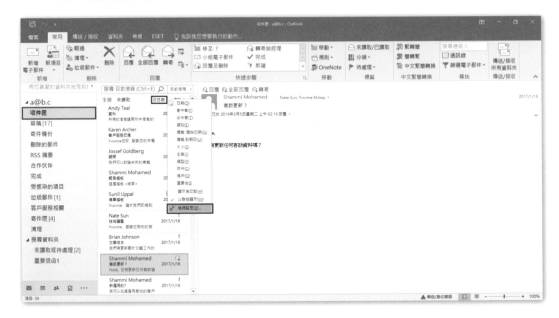

**Step.2** 在「進階檢視設定:精簡」視窗中,按下「排序」。

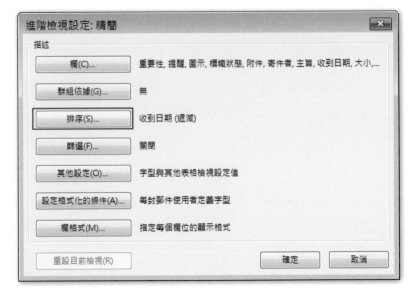

**Step.3** 在「排序」視窗中，
主要鍵：選擇「重要性」、「⊙遞減」
次要鍵：選擇「收到日期」、「⊙遞減」
完成後按下「確定」。

**Step.4** 返回「進階檢視設定：精簡」視窗中，按下「確定」。

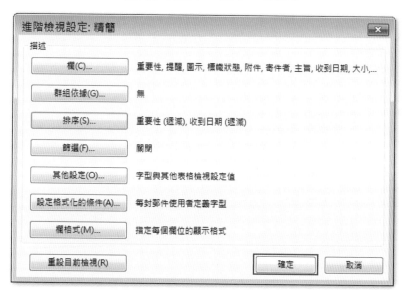

## 第 28 題

**題目說明**

找尋 [Northwind Electric Cars] 交談。將整個交談以及與此交談相關的所有訊息，傳至 [ 客戶服務相關 ] 資料夾。

**Step.1** 在左方導覽窗格點選「收件匣」，在信件的上方點選搜尋欄位，輸入文字「Northwind」以搜尋相關文件。

**Step.2** 在搜尋結果中，點選收到的第一封郵件（即最下方那封），對該郵件按下滑鼠右鍵，並於快速選單中選擇「移動」/「永遠移動此交談中的訊息」。

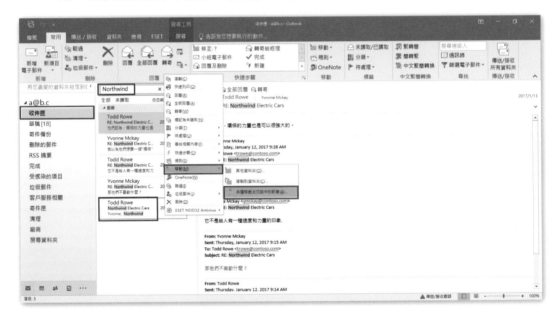

**Step.3** 在「永遠移動交談」視窗中，選擇「客戶服務相關」資料夾，並按下「確定」。

**題目
說明**

找尋 [ 合作伙伴 ] 資料夾裡的 [ 帳戶 ] 交談，將整個交談以及與此交談相關
的所有訊息，傳至 [ 刪除的郵件 ] 資料夾。

**Step.1** 在左方導覽窗格點選「合作伙伴」資料夾，點選帳戶的第一封郵件（即最下方那
封），對該郵件按下滑鼠右鍵，並於快速選單中選擇「移動」/「永遠移動此交談中
的訊息」。

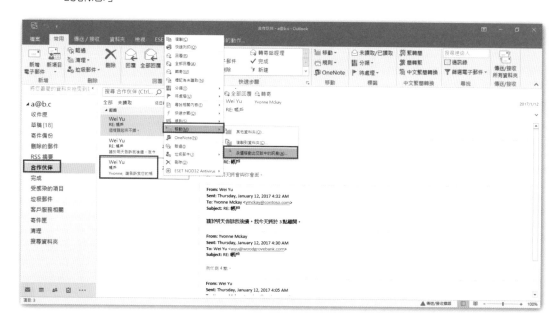

**Step.2** 在「永遠移動交談」視窗中，選擇「刪除的郵件」資料夾，並按下「確定」。

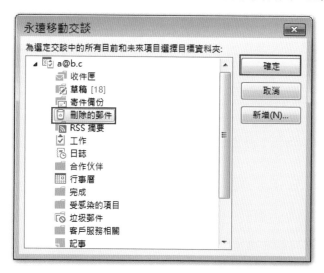

## 第 30 題

**題目說明**

使用 [ 進階尋找 ] 功能，尋找訊息本文包含文字 [ 帳戶 ] 且敏感度為個人的信件，搬移尋獲的信件至 [ 垃圾郵件 ] 資料夾。關閉 [ 進階尋找 ] 對話方塊。

**Step.1** 在左方導覽窗格點選「收件匣」，在信件的上方點選搜尋欄位，此時會出現「工具搜尋 / 搜尋」功能區，於選項群組中，按下「搜尋工具」的下拉選單，選擇「進階尋找」。

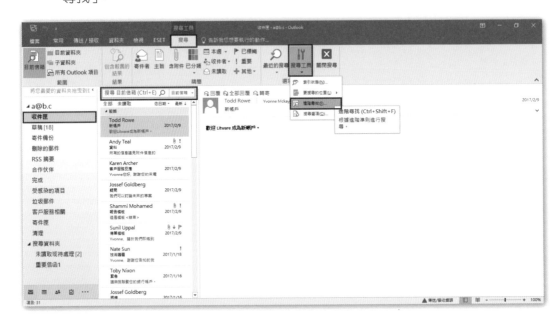

**Step.2** 在「進階尋找」視窗中，於「定義其他準則」按下「欄位」下拉式選單，選擇「所有郵件欄位」選項中的「郵件」選項。

**Step.3** 欄位：選擇「郵件」，條件：選擇「包含」，值：輸入文字「帳戶」，接著按下「加到清單」。

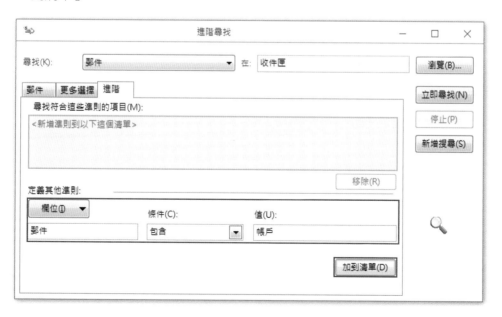

**Step.4** 在「進階尋找」視窗中，於「定義其他準則」再次按下「欄位」下拉式選單，選擇「所有郵件欄位」選項中的「敏感度」選項。

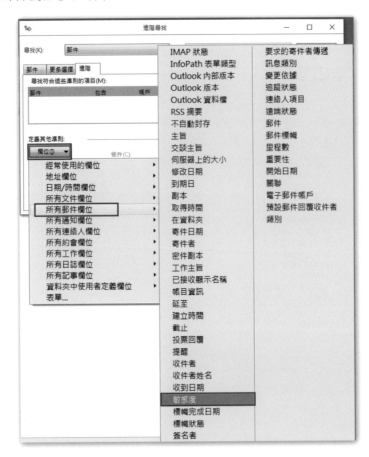

**Step.5** 欄位：選擇「敏感度」，條件：選擇「等於」，值：選擇「個人」，接著按下「加到清單」。

**Step.6** 在「進階尋找」視窗中，按下「立即尋找」。

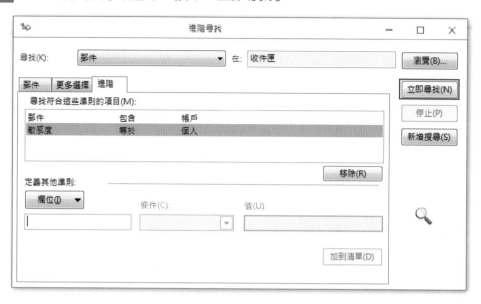

**Step.7** 在下方搜尋結果中，對搜尋出的郵件按下滑鼠右鍵，於快速選單中選擇「移動 / 其他資料夾」。

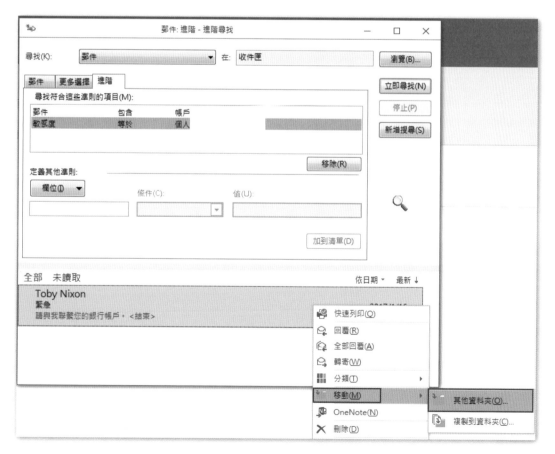

Step.8 在「移動項目」視窗中，點選「垃圾郵件」並按下「確定」。

Step.9 在「進階尋找」視窗中，按下右上方的關閉。

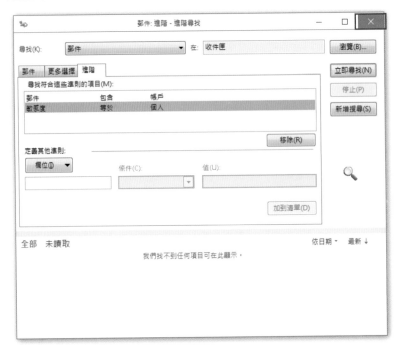

Step.10 在「工具搜尋 / 搜尋」功能區，於關閉群組中，按下「關閉搜尋」。

## 題目 說明

使用 [ 進階尋找 ] 功能，找出信件內容包含文字「型號 18」且敏感度為機密的郵件，刪除尋獲的郵件後，關閉 [ 進階尋找 ] 對話方塊。

**Step.1** 在左方導覽窗格點選「收件匣」，在信件的上方點選搜尋欄位，此時會出現「工具搜尋 / 搜尋」功能區，於選項群組中，按下「搜尋工具」的下拉選單，選擇「進階尋找」。

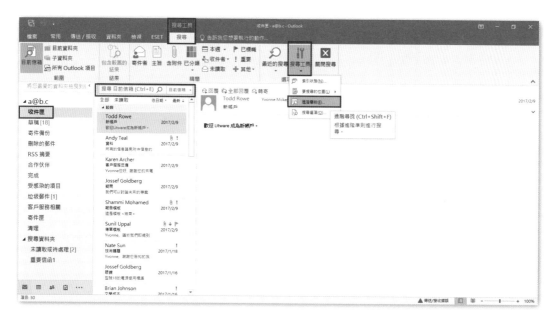

**Step.2** 在「進階尋找」視窗中，於定義其他準則按下「欄位」下拉式選單，選擇「所有郵件欄位」選項中的「郵件」選項。

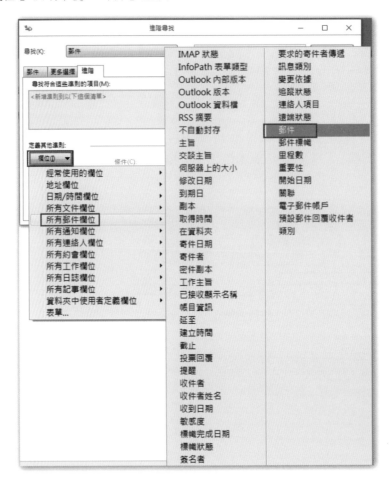

**Step.3** 欄位：選擇「郵件」，條件：選擇「包含」，值：輸入文字「型號 18」，接著按下「加到清單」。

**Step.4** 在「進階尋找」視窗中，於定義其他準則再次按下「欄位」下拉式選單，選擇「所有郵件欄位」選項中的「敏感度」選項。

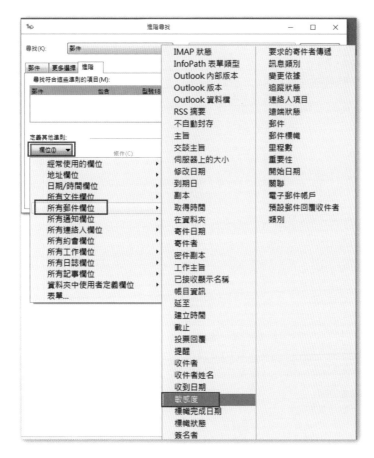

**Step.5** 欄位：選擇「敏感度」，條件：選擇「等於」，值：選擇「機密」，接著按下「加到清單」。

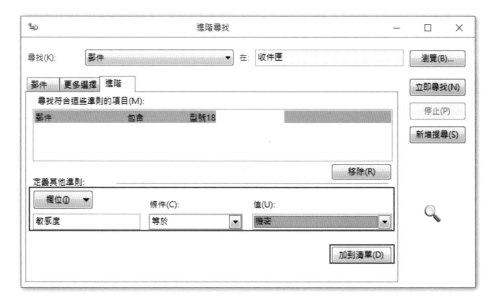

**Step.6** 在「進階尋找」視窗中，按下「立即尋找」。

**Step.7** 在下方搜尋結果中，對搜尋出的郵件按下滑鼠右鍵，於快速選單中選擇「刪除」。

**Step.8** 在「進階尋找」視窗中，按下右上方的關閉。

**Step.9** 在「工具搜尋 / 搜尋」功能區，於關閉群組中，按下「關閉搜尋」。

## 第 32 題

**題目說明**

建立一個名為 [ 系統回覆 ] 的規則，可以針對已收到的自動回覆訊息，設定是同一天的待處理標幟，維持所有的預設設定，儲存規則。

**Step.1** 點選「常用」，在移動群組中按下「規則」的下拉選單，選擇「建立規則」。

**Step.2** 在「建立規則」視窗中，按下「進階選項」。

Step.3 在「規則精靈」視窗中,您要檢查的條件是?

步驟 1:選取條件。勾選「☑ 是自動回復」,並按下「下一步」。

Step.4 在「規則精靈」視窗中,您處理郵件的方式是?

步驟 1:選取動作,勾選「☑ 標幟郵件為目前的待處理事項」。

步驟 2:編輯規則描述,點選「目前的待處理事項」文字。

**Step.5** 在勾選「標幟郵件為目前的待處理事項」時，會跳出以下視窗，按下「是」。

**Step.6** 在點選「目前的待處理事項」文字時，會出現標幟郵件視窗，標幟為：使用預設值「待處理」，對象：選擇「今天」，直接按下「確定」。

**Step.7** 返回「規則精靈」視窗時，可看見步驟 2：編輯規則描述「目前待處理事項」文字已更改為「待處理 今天」，按下「下一步」。

**Step.8** 在「規則精靈」視窗中,是否有任何例外?直接按下「下一步」。

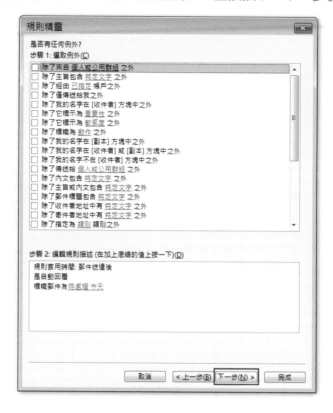

**Step.9** 在「規則精靈」視窗中,完成規則設定。

步驟 1:指定規則的名稱。輸入文字「系統回覆」,並按下「完成」。

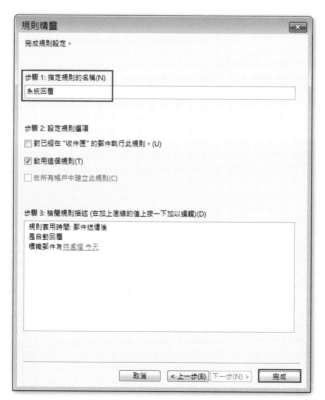

## 第 33 題

**題目說明**

建立一個名為 [ 最優先 1] 的規則，可以在 [ 新項目通知視窗中 ] 顯示 [ 重要動作 ]，並將自己是唯一收件人的所有郵件都標示為高重要性。保持其他所有的預設設定。

**Step.1** 點選「常用」，在移動群組中按下「規則」的下拉選單，選擇「建立規則」。

**Step.2** 在「建立規則」視窗中，按下「進階選項」。

**Step.3** 在「規則精靈」視窗中，您要檢查的條件是？

步驟 1：選取條件。勾選「☑ 僅傳送給我」，並按下「下一步」。

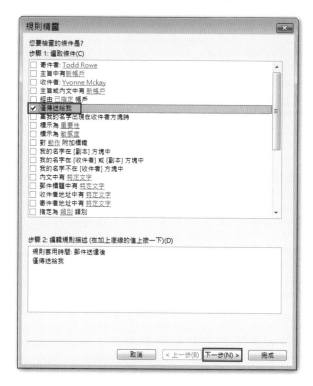

**Step.4** 在「規則精靈」視窗中，您處理郵件的方式是？

步驟 1：選取動作。勾選「☑ 標示為 重要性」及「☑ 在 [ 新項目通知 ] 視窗中顯示特定的郵件」。

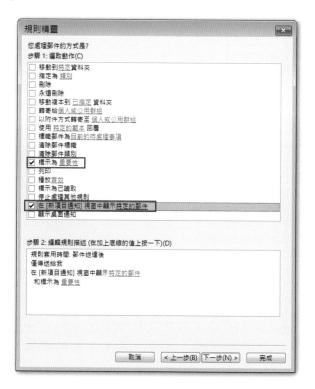

**Step.5** 在「規則精靈」視窗中，您處理郵件的方式是？

步驟 2：編輯規則描述。點選「特定的郵件」文字，會出現通知訊息視窗。在「通知訊息」視窗中，輸入文字「重要動作」，並按下「確定」。

**Step.6** 在「規則精靈」視窗中，您處理郵件的方式是？

步驟 2：編輯規則描述。點選「重要性」文字，會出現「重要性」視窗。在「重要性」視窗中，於下拉式選單選擇「高」，並按下「確定」。

**Step.7** 返回「規則精靈」視窗時,可看見步驟 2:編輯規則描述,「特定的郵件」文字已更改為「重要動作」、「重要性」文字已更改為「高重要性」,按下「下一步」。

**Step.8** 在「規則精靈」視窗中,是否有任何例外?直接按下「下一步」。

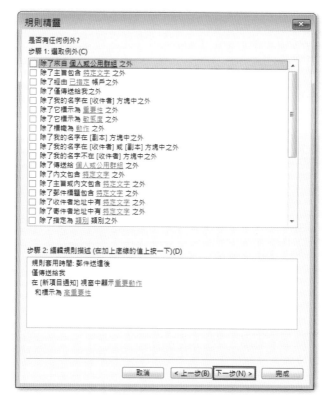

**Step.9** 在「規則精靈」視窗中，完成規則設定。
步驟 1：指定規則的名稱。輸入文字「最優先 1」，並按下「完成」。

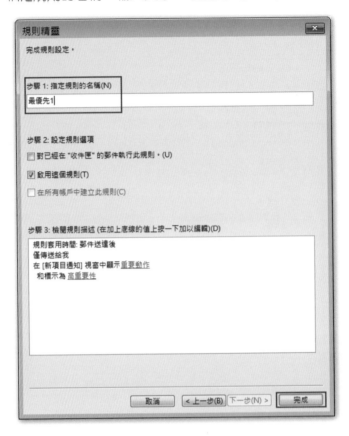

## 第 34 題

題目
說明

將 [ 刪除的郵件 ] 資料夾與其子資料夾的內容，匯出成 .pst 檔案，將此檔
案儲存在 [ 文件 ] 資料夾內並命名為 [ 舊記錄 .pst]，不需要設定密碼。

Step.1　點選「檔案」/「開啟和匯出」/「匯入/匯出」。

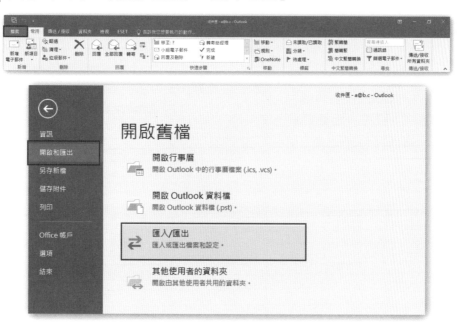

Step.2　在「匯入及匯出精靈」視窗中，選擇「匯出至檔案」，並按下「下一步」。

**Step.3** 在「匯出至檔案」視窗中，選擇預設值「Outlook 資料檔 (.pst)」，並按下「下一步」。

**Step.4** 在「匯出 Outlook 資料檔」視窗中，選擇「刪除的郵件」資料夾，並勾選「☑ 包含子資料夾」，接著按下「下一步」。

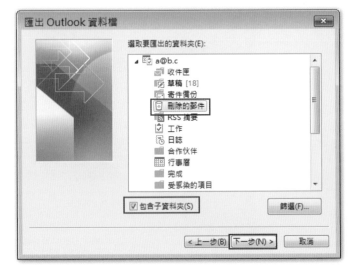

**Step.5** 在「匯出 Outlook 資料檔」視窗中，按下「瀏覽」。

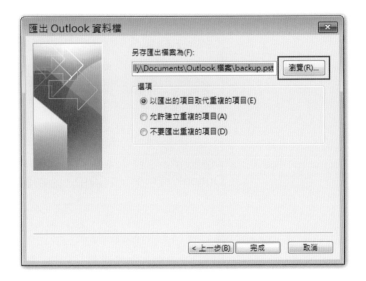

**Step.6** 在「開啟 Outlook 資料檔」視窗中，於檔案名稱輸入文字「舊記錄」，並按「確定」。

**TIPS**

因為在 Step 3. 已經選擇了匯出的檔案類型，因此副檔名 .pst 輸入或不輸入皆可。

**Step.7** 在「匯出 Outlook 資料檔」視窗中，按下「完成」。

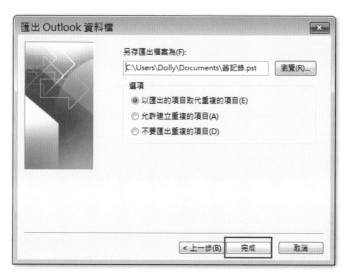

**Step.8** 在「建立 Outlook 資料檔」視窗中，不用輸入任何資料，直接按下「確定」。

## 第 35 題

**題目說明**

修改 [ 收件匣 ] 的精簡檢視模式，設定在此 [ 精簡 ] 模式中的最大顯示行數為 3。

**Step.1** 在左方導覽窗格點選「收件匣」，點選「檢視」功能區「目前檢視」群組中，按下「變更檢視」的下拉選單，選擇「精簡」。

**Step.2** 在「排列方式」群組中，按下「訊息預覽」的下拉選單，選擇「3 行」。

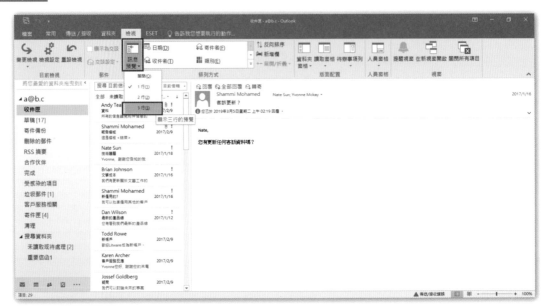

**Step.3** 在視窗中選擇「此資料夾」。

**Step.4** 完成結果如下。

## 第 36 題

**題目說明**

更改 [ 行事曆 ] 顯示。設定行事曆的檢視畫面為本週的排程。

**TIPS**

除了本題,其他題目在行事曆皆可任意切換至任何的排列檢視模式。

**Step.1** 在左方導覽窗格最下方,切換至「行事曆」頁面,點選「常用」功能區,在「排列」群組中按下「週」的檢視模式。

**Step.2** 在「排列」群組中按下「排程檢視」的檢視模式即可。

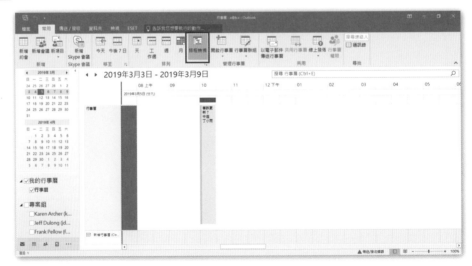

題目
說明

設定行事曆的工作週是每週的 [ 週日 ]、[ 週一 ]、[ 週二 ]、[ 週三 ] 與 [ 週四 ]，工作時數是從上午 **7:30** 開始，到下午 **6:30** 為止。設定一週的第一天是 [ 星期日 ]。

Step.1 點選「檔案 / 選項」。

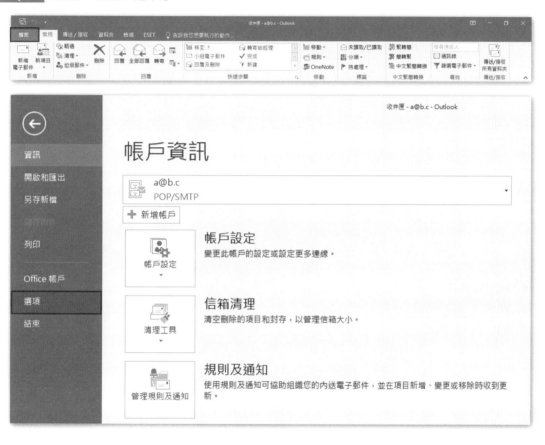

**Step.2** 在「Outlook 選項」視窗中，於左方選單點選「行事曆」，於工作時間設定以下內容：
開始時間：上午 7:30、結束時間：下午 6:30
工作週：勾選「週日、週一、週二、週三、週四」
一週的第一天：星期日。
完成後按下「確定」。

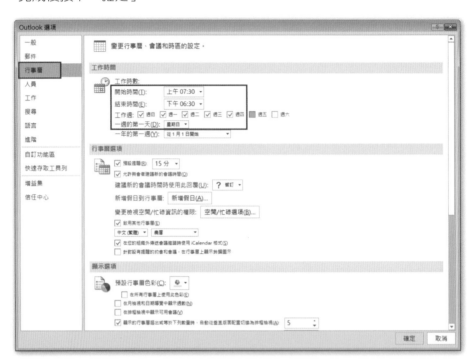

**TIPS**

設定完成之後，切換至「月」檢視模式才能看得見設定的效果。
在考試時，無論有沒有切換至「月」檢視模式，均能得分。

# 第 38 題

**題目說明**

建立名為「專案組」的行事曆群組，可包含「Karen Archer」、「Jeff Dulong」與「Frank Pellow」等三人的行事曆。

**Step.1** 在左方導覽窗格最下方，切換至「行事曆」頁面，點選「常用」功能區，在「管理行事曆」群組中按下「行事曆群組」的下拉式選單，並選按「建立新的行事曆群組」。

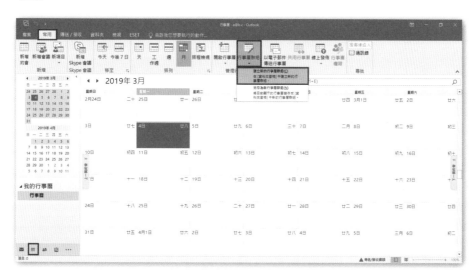

**Step.2** 在「建立新的行事曆群組」視窗中，輸入文字「專案組」，並按下「確定」。

**Step.3** 在「選取名稱：連絡人」視窗中，依序點選「Karen Archer」、「Jeff Dulong」與「Frank Pellow」至群組成員，完成後按下「確定」。

**TIPS**

題目中所有的連絡人名稱，皆以「顯示名稱」欄位為主來做選擇。

**Step.4** 完成結果如下。

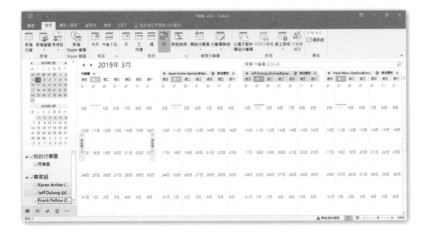

TIPS

在考試時,進入下一題之後,系統會幫我們還原環境;而在練習時,請同學自行取消勾選「專案組」行事曆,以便後續的練習。

在考試時,則不需要自行取消勾選。

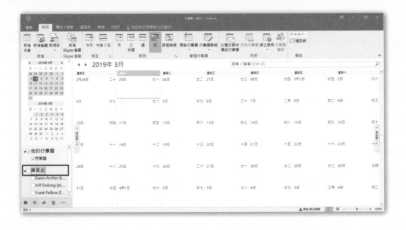

**題目 說明**

將整個行事曆，包括過去的所有項目，以電子郵件方式傳遞，寄給「Karen Archer」。保持所有其他預設設定。

**Step.1** 在左方導覽窗格最下方，切換至「行事曆」頁面，點選「常用」功能區，在「共用」群組中按下「以電子郵件傳送行事曆」。

**Step.2** 在「使用電子郵件傳送行事曆」視窗中，

日期範圍：選擇「整個行事曆」

詳細資料：選擇「完整詳細資料」

完成後按下「確定」。

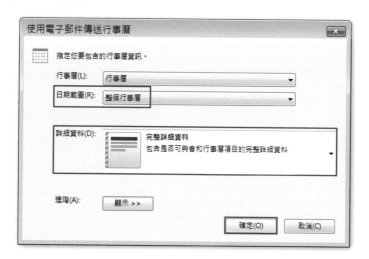

**Step.3** 在視窗中選擇「是」。

**Step.4** 按下「收件者」按鈕，在「選取名稱：連絡人」視窗中，選擇「Karen Archer」為收件者，並按下「確定」。

**Step.5** 最後按下「傳送」即可。

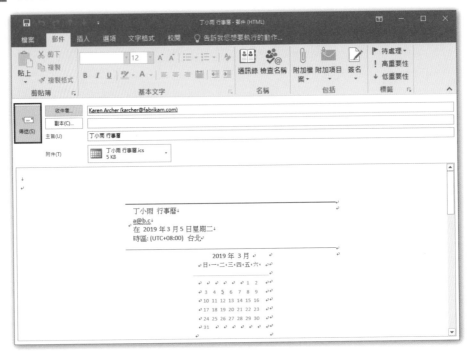

## 題目說明

建立一個主旨為 [ 住家工作 ] 的約會，設定此約會為每星期五上午 7 點到上午 10 點的週期性約會 ( 從 7 點到 10 點 )。循環範圍開始於明年的第一個星期五。設定在此約會期間顯示為 [ 在其他位置工作 ]。儲存並關閉約會。

**Step.1** 在左方導覽窗格最下方，切換至「行事曆」頁面，點選「常用」功能區，在「新增」群組中按下「新增約會」。

**Step.2** 在視窗中，

主旨：輸入文字「住家工作」

開始時間：選擇明年第一個星期五 ( 練習或考試的明年日期 ) 上午 7:00

結束時間：選擇明年第一個星期五 ( 練習或考試的明年日期 ) 上午 10:00

顯示為：選擇「在其他位置工作」，之後按下「週期性」。

Microsoft MOS Outlook 2016 原廠國際認證應考指南

**Step.3** 在「週期性約會」視窗中，直接按下「確定」。

TIPS

因為在 Step 2. 已經將日期設定完成，因此在視窗中不用做任何的其他設定，開啟視窗是為了執行週期性的功能。

**Step.4** 完成後，點選「儲存並關閉」。

題目
說明

建立一個主旨為 [ 健康檢查 ] 的一個小時約會，設定此約會明年的第一個星期二，開始於上午 9:00。設定在此約會期間顯示為 [ 不在辦公室 ]。儲存並關閉約會。

Step.1　在左方導覽窗格最下方，切換至「行事曆」頁面，點選「常用」功能區，在「新增」群組中按下「新增約會」。

Step.2　在視窗中，

主旨：輸入文字「健康檢查」，

開始時間：選擇明年第一個星期二 ( 練習或考試的明年日期 ) 上午 9:00，

結束時間：選擇明年第一個星期二 ( 練習或考試的明年日期 ) 上午 10:00，

顯示為：選擇「不在辦公室」。

完成後，點選「儲存並關閉」。

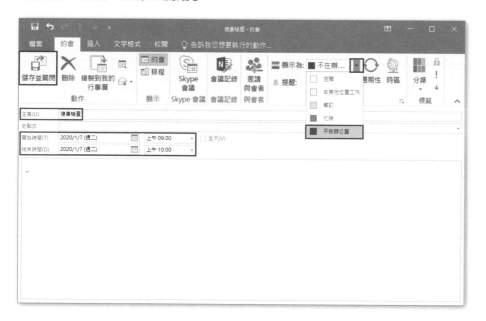

## 第 42 題

題目
說明

1. 建立一個主旨為「業績報告」的約會,設定此約會為下星期一上午 10 點。

2. 將下星期一的「業績報告」行事曆事件,標示為 [ 高重要性 ]。

Step.1　在左方導覽窗格最下方,切換至「行事曆」頁面,點選「常用」功能區,在「新增」群組中按下「新增約會」。

Step.2　在視窗中,

主旨:輸入文字「業績報告」

開始時間:選擇下星期一 ( 練習或考試的下週日期 ) 上午 10:00。

完成後,點選「儲存並關閉」。

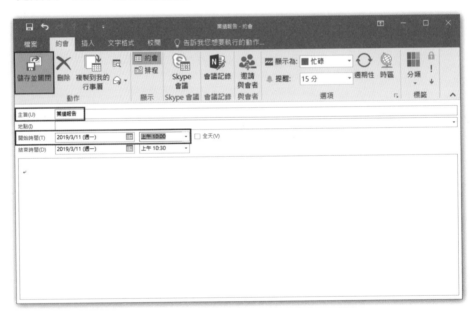

**Step.3** 點選下星期一的「業績報告」約會。

**Step.4** 點選「行事曆工具 / 約會」功能區,在「標籤」群組中按下「高重要性」。

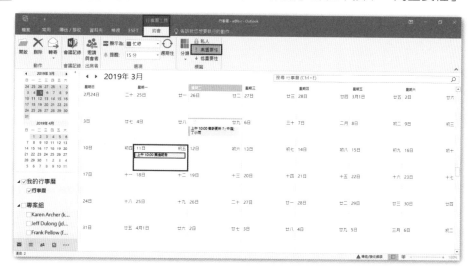

## 第 43 題

**題目 說明**

1. 建立一個主旨為「目標」的約會，設定此約會為下星期三上午 10 點。

2. 將星期三舉行的「目標」會議套用 [ 橘色類別 ] 的分類。不要變更類別名稱。

**Step.1** 在左方導覽窗格最下方，切換至「行事曆」頁面，點選「常用」功能區，在「新增」群組中按下「新增約會」。

**Step.2** 在視窗中，

主旨：輸入文字「目標」

開始時間：選擇下星期三 ( 練習或考試的下週日期 ) 上午 10:00。

完成後，點選「儲存並關閉」。

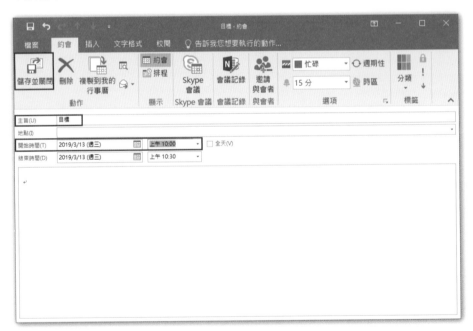

**Step.3** 點選下星期三的「目標」約會。

**Step.4** 點選「行事曆工具 / 約會」功能區，在「標籤」群組中按下「分類」的下拉選單，選擇「橘色類別」。

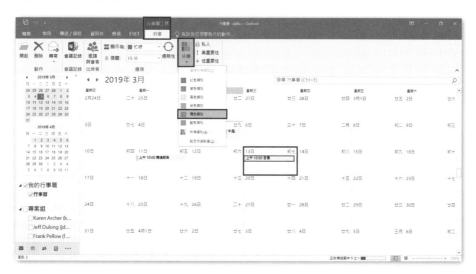

**Step.5** 在「重新命名類別」視窗中，選擇「否」。

**Step.6** 完成結果如下。

## 第 44 題

**題目說明**

1. 建立一個主旨為「新品上市」的約會，設定此約會為下星期二上午 10 點。
2. 將星期二舉行的「新品上市」會議轉寄給「Adam Barr」。

**Step.1** 在左方導覽窗格最下方，切換至「行事曆」頁面，點選「常用」功能區，在「新增」群組中按下「新增約會」。

**Step.2** 在視窗中，

主旨：輸入文字「新品上市」

開始時間：選擇下星期二 ( 練習或考試的下週日期 ) 上午 10:00。

完成後，點選「儲存並關閉」。

**Step.3** 點選下星期二的「新品上市」約會。

**Step.4** 點選「行事曆工具 / 約會」功能區，在「動作」群組中按下「轉寄」。

**Step.5** 在「FW: 新品上市 - 郵件」視窗中，按下「收件者」。

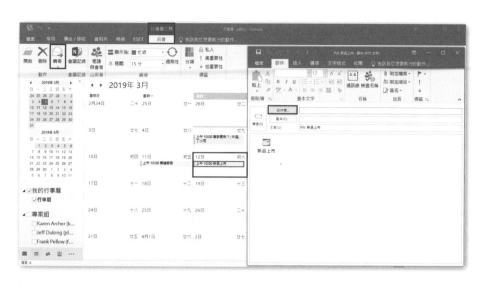

**Step.6** 在「選取名稱：連絡人」視窗中，選擇「Adam Barr」為收件者，並按下「確定」。

**Step.7** 返回「FW: 新品上市 - 郵件」視窗，按下「傳送」。

## 第 45 題

題目說明

1. 建立一個主旨為「出國旅行」的約會，設定此約會為下星期六上午 5 點至星期日上午 8 點。

2. 在 [ 行事曆 ] 上，對於星期六的「出國旅行」約會，變更其開始時間為上午 8:00[ 夏威夷 ]，並結束於上午 11:30[ 山區時間 ( 美國和加拿大 )] 時間。不要變更日期。儲存並關閉約會。

**Step.1** 在左方導覽窗格最下方，切換至「行事曆」頁面，點選「常用」功能區，在「新增」群組中按下「新增約會」。

**Step.2** 在視窗中，

主旨：輸入文字「出國旅行」

開始時間：選擇下星期六 ( 練習或考試的下週日期 ) 上午 5:00

結束時間：選擇下星期日 ( 練習或考試的下週日期 ) 上午 8:00。

完成後，點選「儲存並關閉」。

**Step.3** 雙擊滑鼠左鍵兩下以開啟「出國旅行」約會,在「約會」功能區,於「選項」群組中按下「時區」,

開始時間:更改為「上午 08:00」、「夏威夷」

結束時間:更改為「上午 11:30」、「山區時間 ( 美國和加拿大 )」。

完成後,按下「儲存並關閉」。

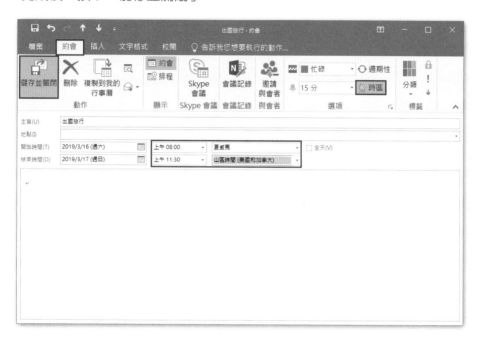

## 第 46 題

**題目說明**

1. 建立一個主旨為「小組討論」的約會，設定此約會為下星期四上午 10 點，地點為會議室 2，邀請與會者，但先不用設定任何人員。

2. 在 [ 行事曆 ] 上，對於排定星期四舉行的「小組討論」會議，新增「客戶研發」連絡人群組裡除了「Andy Teal」以外的所有群組成員為此會議的出席者，然後，設定「Andy Teal」為此會議的列席者。最後，寄出會議邀請。

**Step.1** 在左方導覽窗格最下方，切換至「行事曆」頁面，點選「常用」功能區，在「新增」群組中按下「新增約會」。

**Step.2** 在視窗中，
主旨：輸入文字「小組討論」
地點：輸入文字「會議室 2」
開始時間：選擇下星期四 ( 練習或考試的下週日期 ) 上午 10:00，按下「邀請與會者」。

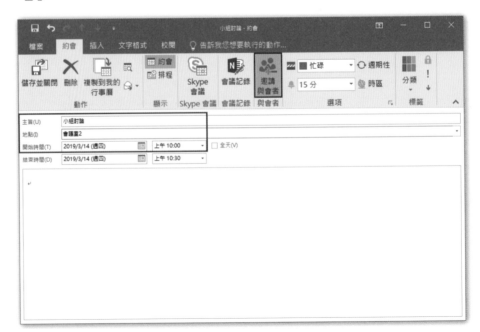

**Step.3** 完成後按下「傳送」。

**Step.4** 在視窗中選擇「是」。

**Step.5** 雙擊滑鼠左鍵兩下以開啟「小組討論」約會,並按下「收件者」。

**Step.6** 在「選取與會者及資源：連絡人」視窗中，選擇「客戶研發」為出席者，並按下「確定」。

**Step.7** 在收件者欄位按下 + 符號，展開客戶研發連絡人群組。

**Step.8** 在「展開清單」視窗中，按下「確定」。

**Step.9** 選擇 Andy Teal 及其 mail，並刪除。

**Step.10** 再次按下「收件者」。

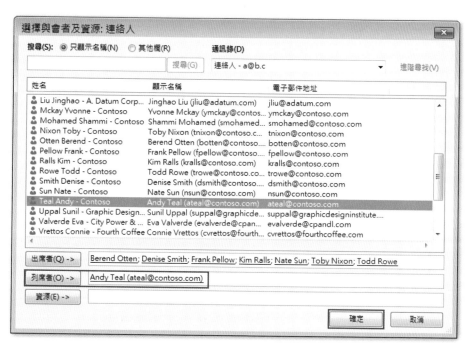

ℹ 您尚未傳送此會議邀請。

| 傳送(S) | 寄件者 ▼ | a@b.c |
| | 收件者... | Andy Teal <ateal@contoso.com>; Berend Otten <botten@contoso.com>; Denise Smith <dsmith@contoso.com>; Frank Pellow <fpellow@contoso.com>; Kim Ralls <kralls@contoso.com>; Nate Sun <nsun@contoso.com>; |
| | 主旨(U) | 小組討論 |
| | 地點(I) | |
| | 開始時間(T) | 2019/3/14 (週四) | 上午 10:00 | □ 全天(V) |
| | 結束時間(D) | 2019/3/14 (週四) | 上午 10:30 | |

ℹ 您尚未傳送此會議邀請。

| 傳送(S) | 寄件者 ▼ | a@b.c |
| | 收件者... | Berend Otten <botten@contoso.com>; Denise Smith <dsmith@contoso.com>; Frank Pellow <fpellow@contoso.com>; Kim Ralls <kralls@contoso.com>; Nate Sun <nsun@contoso.com>; Toby Nixon <tnixon@contoso.com>; |
| | 主旨(U) | 小組討論 |
| | 地點(I) | |
| | 開始時間(T) | 2019/3/14 (週四) | 上午 10:00 | □ 全天(V) |
| | 結束時間(D) | 2019/3/14 (週四) | 上午 10:30 | |

**Step.11** 在「選取與會者及資源：連絡人」視窗中，選擇「Andy Teal」列席者，並按下「確定」。

Step.12 完成後,按下「傳送」。

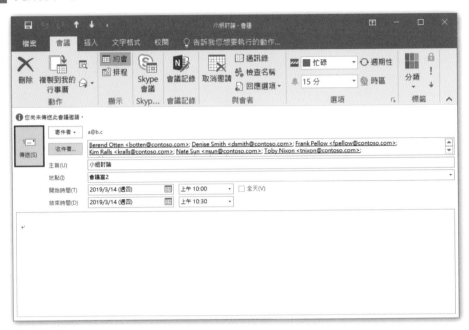

**題目說明**

1. 建立一個主旨為「進度報告」的週期性約會，設定此約會為下星期二上午 11:00 開始。

2. 在 [ 行事曆 ] 上，對於排定每星期二舉行的「進度報告」週期性會議，更新其循環範圍結束於明年一月的第二個星期二。傳送會議更新。

**TIPS**

此題在考試時有翻譯錯誤的情況，題目會顯示「明天」，但實際操作是「明年」。

**Step.1** 在左方導覽窗格最下方，切換至「行事曆」頁面，點選「常用」功能區，在「新增」群組中按下「新增約會」。

**Step.2** 在視窗中，

主旨：輸入文字「進度報告」

開始時間：選擇下星期二 ( 練習或考試的下週日期 ) 上午 11:00，之後按下「週期性」。

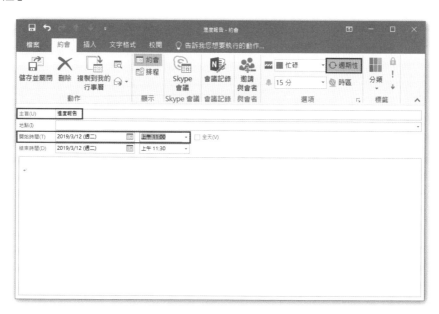

**Step.3** 在「週期性約會」視窗中，直接按下「確定」。

**Step.4** 完成後，按下「儲存並關閉」。

**Step.5** 雙擊滑鼠左鍵兩下以開啟「進度報告」約會，點選任何一個「進度報告」約會都可以。在「開啟週期性的項目」視窗中，選擇「⊙整個系列」，並按下「確定」。

**Step.6** 在「進度報告 - 約會系列」視窗中，再次按下「週期性」。

**Step.7** 在「週期性約會」視窗中，於循環範圍的⊙結束於：選擇明年第二個星期二 ( 練習或考試的明年日期 )，之後按下「確定」。

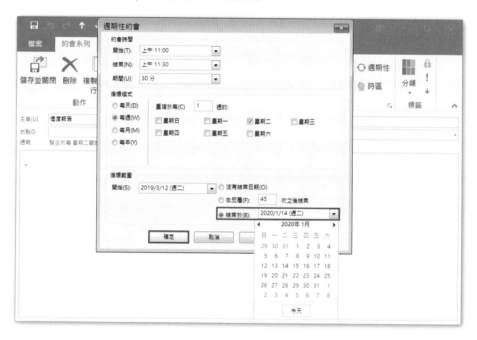

**Step.8** 返回「進度報告 - 約會系列」視窗，按下「儲存並關閉」。

## 第 48 題

1. 建立一個主旨為「拜訪專家」的約會，設定此約會為下星期五上午 10 點。

2. 在 [ 行事曆 ] 上，開啟下週五的「拜訪專家」約會。設定顯示提醒訊息時不須播放提醒音效。儲存並關閉約會。

**Step.1** 在左方導覽窗格最下方，切換至「行事曆」頁面，點選「常用」功能區，在「新增」群組中按下「新增約會」。

**Step.2** 在視窗中，

主旨：輸入文字「拜訪專家」

開始時間：選擇下星期五 ( 練習或考試的下週日期 ) 上午 10:00。

完成後，點選「儲存並關閉」。

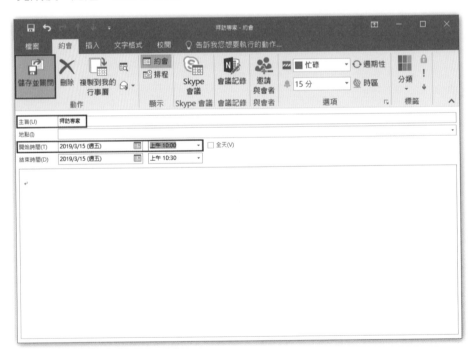

**Step.3** 雙擊滑鼠左鍵兩下以開啟「拜訪專家」約會，點選「約會」功能區的「選項」群組，按下「提醒」的下拉選單，選擇「音效」。

**Step.4** 在「提醒音效」視窗中，取消勾選「播放這個音效」，並按下「確定」。

**Step.5** 回到「拜訪專家 - 約會」視窗，按下「儲存並關閉」。

第 49 題

**題目說明**

建立一個名為「Jatt Anber」的新連絡人，其電子郵件為「janber@contoso. com」。儲存並關閉連絡人。

**Step.1** 在左方導覽窗格最下方，切換至「連絡人」頁面，點選「常用」功能區，在「新增」群組中按下「新增連絡人」。

**Step.2** 在「Jett Anber - 連絡人」視窗中，輸入以下設定：

姓氏：輸入文字「Jatt Anber」

電子郵件：輸入文字「janber@contoso.com」，完成後按下「儲存並關閉」。

TIPS

1. 題目並沒有說明是否姓氏跟名字要分開輸入，因此不用分開，直接輸入在姓氏即可。

2. 在輸入完「姓氏」，切換至「電子郵件」欄位時，會自動產生「歸檔為」的欄位內容是正常的狀況，不需要刻意刪除，直接儲存並關閉即可。

# 第 50 題

**題目 說明**

匯入來自 [ 文件 ] 資料夾裡的「私人通訊錄 .csv」檔案內的連絡人資料至 [ 連絡人 ] 資料夾。

**Step.1** 點選「檔案」/「開啟和匯出」/「匯入 / 匯出」。

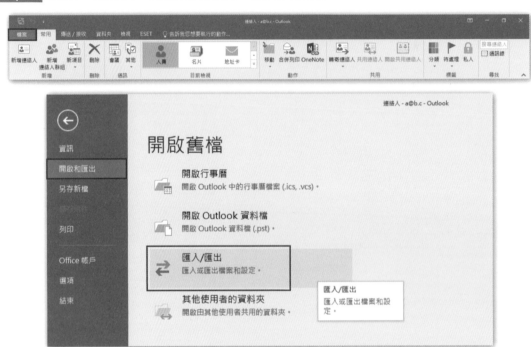

**Step.2** 在「匯入及匯出精靈」視窗中，選擇預設值「從其他程式或檔案匯入」，並按下「下一步」。

**Step.3** 在「匯入檔案」視窗中，選擇「逗點分隔值」，並按下「下一步」。

**Step.4** 在「匯入檔案」視窗中，按下「瀏覽」。

**Step.5** 在「瀏覽」視窗中，選擇「私人通訊錄 .csv」，並按下「確定」。

Step.6 在「匯入檔案」視窗中，按下「下一步」。

Step.7 在「匯入檔案」視窗中，點選「連絡人」，再按下「下一步」。

Step.8 在「匯入檔案」視窗中，按下「完成」。

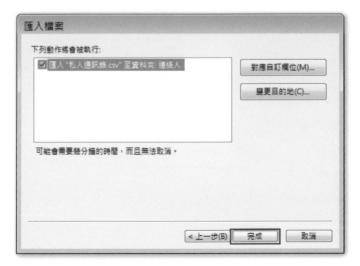

## 第 51 題

**題目說明**

將連絡人項目「Adam Barr」標示為 [ 私人 ]。

**Step.1** 在左方導覽窗格最下方,切換至「連絡人」頁面,在連絡人中點選「Adam Barr」,使用「常用」功能區的「標籤」群組,並按下「私人」。

## 第52題

題目
說明

將連絡人「Baris Cencini」的標幟設定為 [ 安排會議 ]。設定開始日期為今天；到期日為明天。並設定提醒時間為明天上午 10:30。

Step.1 在左方導覽窗格最下方,切換至「連絡人」頁面,在連絡人中點選「Baris Cencini」,使用「常用」功能區的「標籤」群組,並按下「待處理」的下拉選單,選擇「自訂」。

Step.2 在「自訂」視窗中,設定以下內容:

標幟為:通話

開始日期:今天 ( 練習或考試的當天日期 )

到期日:明天 ( 練習或考試的隔天日期 )

勾選「提醒」,時間設定為明天上午 10:30,完成後按下「確定」。

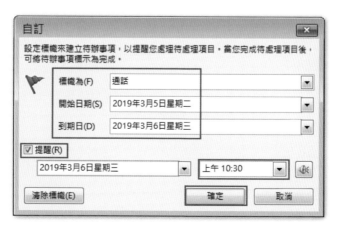

# 第 53 題

**題目說明**

將「Nate Sun」的連絡人資訊以名片形式轉寄「Todd Rowe」。

**Step.1** 在左方導覽窗格最下方，切換至「連絡人」頁面，在連絡人中點選「Nate Sun」，使用「常用」功能區的「共用」群組，並按下「轉寄連絡人」的下拉選單，選擇「以名片形式」。

**Step.2** 在「Sun Nate - Contoso - 郵件」視窗中，按下「收件者」。

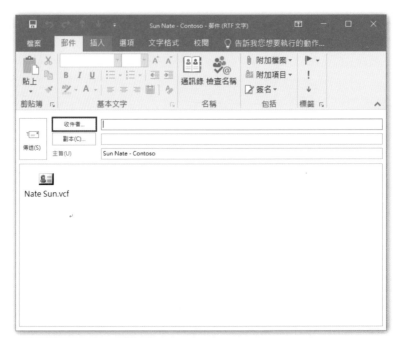

**Step.3** 在「選取名稱：連絡人」視窗中，選擇「Todd Rowe」為收件者，並按下「確定」。

**Step.4** 返回「Sun Nate - Contoso - 郵件」視窗，按下「傳送」。

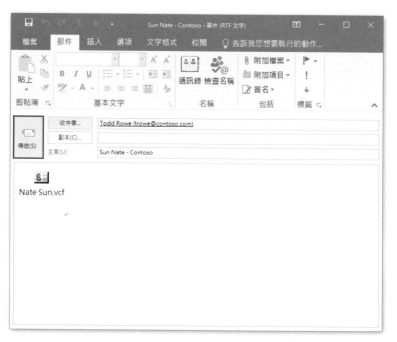

## 第 54 題

**題目說明**

建立名為「審閱」的連絡人群組，新增「**Kim Ralls**」和「**Denise Smith**」為群組成員。儲存並閉關新增的連絡人群組。

**Step.1** 在左方導覽窗格最下方，切換至「連絡人」頁面，使用「常用」功能區的「新增」群組，按下「新增連絡人群組」。

**Step.2** 在「審閱 - 連絡人群組」視窗中，

名稱：輸入文字「審閱」，使用「連絡人群組」功能區的「成員」群組，按下「新增成員」的下拉選單，選擇「從 Outlook 連絡人」。

**Step.3** 在「選取成員：連絡人」視窗中，選擇「Kim Ralls」和「Denise Smith」為成員，並按下「確定」。

**Step.4** 返回「審閱 - 連絡人群組」視窗，按下「儲存並關閉」。

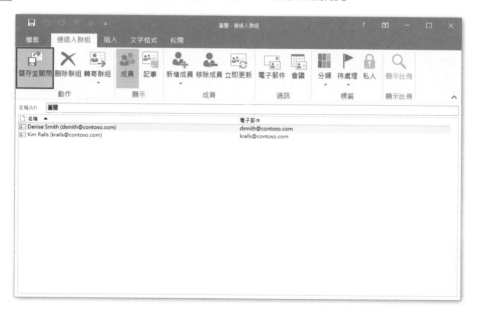

## 第 55 題

**題目 說明**

將連絡人「Eva Valverde」新增至「管理層」連絡人群組。儲存並關閉連絡人群組。

**Step.1** 在左方導覽窗格最下方,切換至「連絡人」頁面,在連絡人中點選「管理層」連絡人群組,雙擊滑鼠左鍵兩下以開啟。

**Step.2** 在「管理層 - 連絡人群組」視窗中,使用「連絡人群組」功能區的「成員」群組,按下「新增成員」的下拉選單,選擇「從 Outlook 連絡人」。

**Step.3** 在「選取成員：連絡人」視窗中，選擇「Eva Valverde」為成員，並按下「確定」。

**Step.4** 返回「管理層 - 連絡人群組」視窗，按下「儲存並關閉」。

## 第 56 題

**題目說明**

將「Qiang Wang」與「Toby Nixon」自「設計師」連絡人群組中移除。
儲存並關閉連絡人群組。

**Step.1** 在左方導覽窗格最下方，切換至「連絡人」頁面，在連絡人中點選「設計師」連絡人群組，雙擊滑鼠左鍵兩下以開啟。

**Step.2** 在「設計師 - 連絡人群組」視窗中，點選「Qiang Wang」，使用「連絡人群組」功能區的「成員」群組，按下「移除成員」。

**Step.3** 再點選「Toby Nixon」，使用「連絡人群組」功能區的「成員」群組，按下「移除成員」。

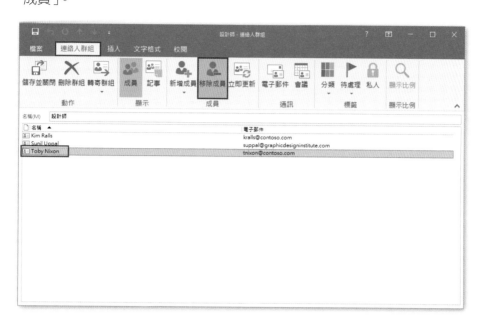

**Step.4** 返回「設計師 - 連絡人群組」視窗，按下「儲存並關閉」。

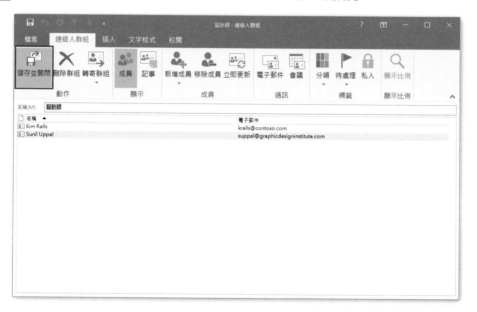

## 第 57 題

**題目說明**

建立名為「草稿」的工作，設定 [ 開始日期 ] 和 [ 到期日 ] 都是今天，並設定狀態為 [ 等待某人 ]。儲存並關閉工作。

**Step.1** 在左方導覽窗格最下方，切換至「工作」頁面，點選「常用」功能區，在「新增」群組中按下「新增工作」。

**Step.2** 在視窗中，

主旨：輸入文字「草稿」

開始日期：選擇「今天」

到期日：選擇「今天」

狀態：選擇「等待某人」，完成後，點選「儲存並關閉」。

## 第 58 題

題目
說明

將 [ 工作 ] 資料夾裡的「檢討報告書」工作指派給「Adam Barr」。設定狀態為 [ 延期 ]。不要在工作清單中保留此工作的更新複本。

Step.1　在左方導覽窗格最下方,切換至「工作」頁面,在工作中點選「檢討報告書」,雙擊滑鼠左鍵兩下以開啟。

Step.2　在「檢討報告書 - 工作」視窗中,使用「工作」功能區的「管理工作」群組,按下「指定工作」。

**Step.3** 在「檢討報告書 - 工作」視窗中，按下「收件者」。

**Step.4** 在「選取工作指派收件者：連絡人」視窗中，選擇「Adam Barr」為收件者，並按下「確定」。

**Step.5** 在「檢討報告書 - 工作」視窗中，
狀態：選擇「延期」
取消勾選「在工作清單中保留此工作的更新複本」。完成後，按下「傳送」。

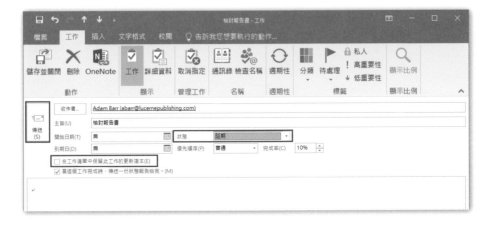

# 第 59 題

題目
說明
關閉導覽窗格的 [ 精簡導覽 ] 檢視。

**Step.1** 在左方導覽窗格最下方,點選圖示「⋯」,並選擇「導覽選項」。

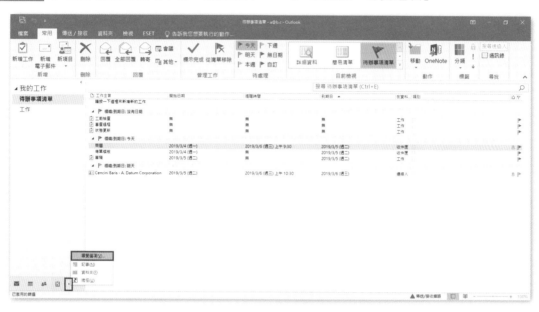

**Step.2** 在「導覽選項」視窗中,取消勾選「精簡導覽」,並按下「確定」。

**Step.3** 完成結果如下。

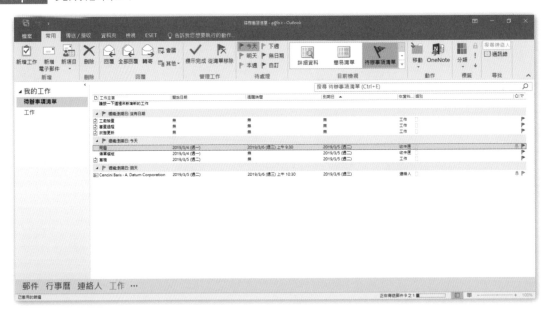

# 第 60 題

題目
說明

調整導覽窗格功能按鈕的順序，由左至右為郵件、連絡人、行事曆、工作。

**Step.1** 在左方導覽窗格最下方，點選圖示「⋯」，並選擇「導覽選項」。

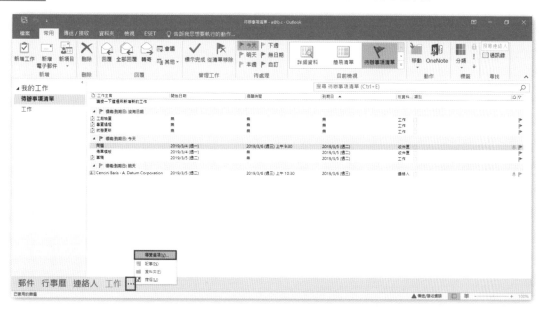

**Step.2** 在「導覽選項」視窗中，點選「連絡人」，並按「上移」。

**Step.3** 在「導覽選項」視窗中，按下「確定」。

**Step.4** 完成結果如下。

# 第 61 題

**題目說明**

重設導覽窗格功能按鈕為預設的設定。

**Step.1** 在左方導覽窗格最下方，點選圖示「…」，並選擇「導覽選項」。

**Step.2** 在「導覽選項」視窗中，按下「重設」。

**Step.3** 在「導覽選項」視窗中，按下「確定」。

**Step.4** 完成結果如下。

# 微軟MTA 國際認證
## 選擇碁峯資訊
## 考試教學都輕鬆

碁峯資訊一直以更快的速度、更齊全的產品（包含圖書、軟體、考證）、更優良的品質、更完善的服務，為推動資訊教育做最大貢獻，使顧客獲得最大滿意為經營使命。碁峯資訊為 Certiport 最高等級白金級代理商並取得 Certiport 臺灣地區總代理，提供微軟 MTA 國際認證全方位考試服務，針對授課教師提供完整的教學配套，同時針對考生提供完整學習資源及考試資訊。

**Microsoft**
Technology Associate

## 全國最大認證團隊為您提供的服務包含

| 學校 | 教師 | 學生 |
|---|---|---|
| ・掛牌成為 Certiport 國際認證中心 | ・種子教師免費認證體驗 | ・自學練習系統 |
| ・免費監評培訓 | ・產學合作計畫 | ・圖書團購優惠 |
| ・免費師資培訓課程 | ・教學資源 - 教學投影片、 | ・Apple 裝置團購優惠 |
| ・提供客製化報名系統 | 　線上模擬系統、教師手冊 | ・微軟 Surface 裝置團購優惠 |

## 微軟MTA國際認證考科介紹

### IT 資訊技術

MTA IT Infrastructure 路線 - 適合有意在桌面或伺服器基礎結構或私人雲端運算領域開創職業生涯者：

| 考試科目 | 測驗 |
|---|---|
| Windows 管理工程師核心能力<br>Windows OS Fundamentals | 349 |
| 伺服器管理工程師核心能力<br>Windows Server Administration Fundamentals | 365 |
| 網路管理與應用工程師核心能力<br>Networking Fundamentals | 366 |
| 網路安全管理工程師核心能力<br>Security Fundamentals | 367 |

### 資料庫

MTA Database 路線 - 適合有意朝資料平台管理或商業智慧方面開創職業生涯者：

| 考試科目 | 測驗 |
|---|---|
| 資料庫管理工程師核心能力<br>Database Fundamentals | 364 |

### Development 軟體研發

MTA Developer 路線 - 適合有意建立軟體開發人員職業生涯者，這條路線可協助您為參加實際操作之產品訓練和取得 MCSD 認證做準備。

| 考試科目 | 測驗 |
|---|---|
| 軟體研發工程師核心能力<br>Software Development Fundamentals | 361 |
| 行動裝置管理工程師核心能力<br>Mobility and Device Fundamentals | 368 |
| 雲端服務管理工程師核心能力<br>Cloud Fundamentals | 369 |
| HTML5 應用程式開發工程師核心能力<br>HTML5 App Development Fundamentals | 375 |
| Python 程式語言核心能力<br>Introduction to Programming Using Python | 381 |
| JavaScript 程式語言核心能力<br>Introduction to Programming Using JavaScript | 382 |
| HTML and CSS 程式語言核心能力<br>Introduction to Programming using HTML and CSS | 383 |
| Java 程式語言核心能力<br>Introduction to Programming Using Java | 388 |

# Microsoft MOS Outlook 2016 原廠國際認證應考指南(Exam 77-731)

作　　者：劉文琇
企劃編輯：郭季柔
文字編輯：王雅雯
設計裝幀：張寶莉
發 行 人：廖文良

發 行 所：碁峰資訊股份有限公司
地　　址：台北市南港區三重路 66 號 7 樓之 6
電　　話：(02)2788-2408
傳　　真：(02)8192-4433
網　　站：www.gotop.com.tw
書　　號：AER049100
版　　次：2019 年 04 月初版
建議售價：NT$320

國家圖書館出版品預行編目資料

Microsoft MOS Outlook 2016 原廠國際認證應考指南(Exam 77-731)
/ 劉文琇著. -- 初版. -- 臺北市：碁峰資訊, 2019.04
　　面；　公分
　　ISBN 978-986-502-092-7(平裝)
　　1.Outlook 2016(電腦程式)　2.考試指南
312.49O82                                       108004845

## 讀者服務

- 感謝您購買碁峰圖書，如果您對本書的內容或表達上有不清楚的地方或其他建議，請至碁峰網站：「聯絡我們」\「圖書問題」留下您所購買之書籍及問題。(請註明購買書籍之書號及書名，以及問題頁數，以便能儘快為您處理)
http://www.gotop.com.tw

- 售後服務僅限書籍本身內容，若是軟、硬體問題，請您直接與軟、硬體廠商聯絡。

- 若於購買書籍後發現有破損、缺頁、裝訂錯誤之問題，請直接將書寄回更換，並註明您的姓名、連絡電話及地址，將有專人與您連絡補寄商品。